北大社普通高等教育“十四五”数字化建设规划教材

数学建模入门与案例精讲

主　编　王振友　陈学松　徐圣兵

北京大学出版社
PEKING UNIVERSITY PRESS

内 容 简 介

全书共九章,针对数学建模初学者,分别从数学建模入门须知、信息检索、数学建模技术、数学建模工具软件、数学建模论文写作、数学建模论文排版、数学建模案例精讲、数学建模考核任务课题、数学建模历年赛题汇集等方面对如何入门数学建模进行讲解.

本书分为四个部分.第一部分为数学建模导论(第 1 章),主要介绍什么是数学建模、初学者应该如何入门数学建模以及如何准备数学建模竞赛.第二部分为数学建模必备知识简要(第 2 ~ 6 章),主要介绍在学习数学建模的过程中所需的相关知识,从而让读者了解整个数学建模的流程,对数学建模有全面的认识.第三部分为数学建模案例分析(第 7 章),主要介绍部分经典数学建模案例,旨在帮助读者进一步了解如何将数学模型应用于实际问题,同时也从实际生活中提炼出一些数学建模考核素材以供读者学习参考.第四部分为数学建模题集(第 8,9 章),该部分主要汇集了数学建模考核任务课题、全国大学生数学建模竞赛题,以供大家交流和学习.

本书提供了案例建模数据、Python 源代码等,适用于对数学建模及数据挖掘感兴趣的本专科院校师生和其他初学者及各行各业的数学知识应用者.

前　言

作为从事将近二十年全国大学生数学建模竞赛的指导老师，笔者将自己在竞赛指导过程所掌握的知识、遇到的问题及积累的指导经验整理成书，在这里和大家分享，希望通过本书能给数学建模读者或竞赛指导工作者一些新的理解和指导思路.

本书特色

本书从数学建模竞赛指导实践出发，结合笔者指导工作中的经验，以数学建模五要素为主线，通过数学建模的目标、因素、规则、验证、预测的框架模式讲述数学建模的过程. 本书对数学建模五要素框架、信息检索、数学建模技术、数学建模工具软件、数学建模论文写作、数学建模论文排版等做了简单的介绍，并精选四个数学建模案例讲解. 另外，为了加深对数学建模五要素的理解，我们汇集了数学建模考核任务课题和全国大学生数学建模竞赛题供大家练习.

根据读者的阅读习惯，本书由浅入深地分为入门篇、技术篇、案例篇、题集篇四部分：

※ 入门篇主要讲解数学建模的五要素：目标、因素、规则、验证、预测.

※ 技术篇主要讲解信息检索、数学建模技术、数学建模工具软件、数学建模论文写作、数学建模论文排版等内容.

※ 案例篇主要基于数学建模五要素法讲解四个案例：(1) 椅子在不平的地面上能放稳吗；(2) 微信公众号影响力分析；(3) 基于环保监测数据的城市污染排放模式分析；(4) 基于深度学习与图像处理的零件识别.

※ 题集篇主要汇集了数学建模考核任务课题、全国大学生数学建模竞赛题，以供大家交流和学习.

本书没有过多讲解模型，所讲案例也不强调模型知识，主要目的是引导读者思考数学建模的基本框架、怎样开展数学建模任务或指导工作，以提高读者对数学建模过程的亲和感.

本书适用对象

本书适用于对数学建模及数据挖掘感兴趣的本专科院校师生和其他初学者及各行各业的数学知识应用者.

本书阅读方式

本书以数学建模场景为切入点，以数学建模五要素为主线，从入门、技术、案例、题集四个维度讲述数学建模的框架及应用方法. 本书编写的基本思想：(1) 强调学习数学建模框架知识；(2) 了解数学建模基本技能；(3) 基于任务驱动开展数学建模工作；(4) 学习方式上强调边学边做、边做边学. 基于以上编写思想，建议有数学建模任务的读者阅读本书.

本书由王振友、陈学松、徐圣兵主编，在本书的编写过程中，得到了广东工业大学数学建模指导老师团队和广东泰迪智能科技股份有限公司的大力支持以及北京大学出版社的帮助，袁晓辉、周承芳、龚维安、宋晨提供了版式和装帧设计方案，在此一并表示感谢. 尤其要感谢哈尔滨工程大学沈继红教授对本书进行了严谨的审读并提出了诸多专业的建议.

由于笔者水平有限，书中难免会出现一些错误或者不准确的地方，恳请读者批评指正.

谨以此书献给众多数学建模初学者和数学建模竞赛指导工作者！

目　录

第一部分　数学建模导论

第二部分　数学建模必备知识简要

第四部分　数学建模题集

第一部分

数学建模导论

第 1 章 数学建模入门须知

数学模型就是对于某种系统的一个特定对象，为了一个特定目的，根据特有的内在规律，做出一些必要的简化假设，运用适当数学工具，得到的一个数据结构.

数学建模，顾名思义，是指运用数学知识、建立数学模型以解决实际问题的过程.数学模型的表述可以简单也可以复杂，其对应的应用问题普遍存在于人们生活的世界，从简单的放椅子问题到嫦娥三号的软着陆问题都要用到数学建模.

我们在中学经历过的数学应用题求解过程，便与数学建模有很深的渊源，它们之间既有很强的联系又有一定的区别.

§1.1 从数学应用题到数学建模

1.1.1 数学应用题五步法

首先让我们深入了解一下经典的数学应用题——“航行问题”，如表 1.1 所示.

表 1.1 数学应用题——“航行问题”

问题	甲、乙两地相距 750 km，船从甲到乙顺水航行需 30 h，从乙到甲逆水航行需 50 h，问船速、水速各为多少
解	设船速为 x km/h，水速为 y km/h. 由题意可得 $\begin{cases}(x+y)\cdot 30=750,\\(x-y)\cdot 50=750,\end{cases}$ 解上述方程组得 $x=20, y=5$
答	船速为 20 km/h，水速为 5 km/h

以上为“航行问题”的求解办法，我们可以将解题过程归纳为以下五个步骤：

(1) 审题. 理解题意，弄清问题中的已知量和未知量，明确问题给出的或涉及的相等关系.

(2) 设元(未知量). 用含未知量的代数式表示相关的量.

(3) 建立相等关系. 一般地，未知量个数与方程个数是相同的.

(4) 解方程(组) 及验证.

(5) 答题.

因此，“航行问题”根据数学应用题五步法求解的过程如表 1.2 所示.

表 1.2 数学应用题五步法在“航行问题”中的应用

(1)	审题	已知量为甲、乙两地的距离，船从甲到乙顺水航行的时间，船从乙到甲逆水航行的时间
(2)	设元	设船速为 x km/h，水速为 y km/h
(3)	建立相等关系	$(x+y)\cdot 30=750$ ①；$(x-y)\cdot 50=750$ ②
(4)	解方程组	由 ① 可得 $x+y=25$ ③，由 ② 可得 $x-y=15$ ④，由 ③＋④ 得 $x=20$，由 ③－④ 得 $y=5$
	验证	将 $x=20, y=5$ 代入原方程组 ①，②，等式成立
(5)	答题	船速为 20 km/h，水速为 5 km/h

实际上，建立相等关系的过程就是“航行问题”数学模型建立的过程. 列出方程，原问题已

转化为纯粹的数学问题，方程的解即为“航行问题”的数学模型求解结果.

1.1.2　生活语言、符号语言与数学语言

下面给出生活语言、符号语言、数学语言的概念以及它们之间的关系，有助于我们更好地理解数学建模.

(1) 生活语言：生活语言是日常最重要的信息交流载体，通常是未经加工、不规范的，所以生活语言规范化是处理生活语言的重要步骤. 例如，椅子能否放稳、公众号影响力大小等语句都是生活语言.

(2) 符号语言：符号语言就是用数学符号、数学图像、公式等按一定组合去表述的数学变量，建立生活语言和数学语言的桥梁. 例如，用 $Y=0$ 代表椅子放稳，用 $Y=1$ 代表椅子没放稳.

(3) 数学语言：数学语言是将生活语言中的变量用符号语言表达，并建立符号之间的关系，用一定的数学结构去表示的语言. 数学结构用于建模任务的表述、计算、推理、解答过程. 例如，当椅子四脚距离地面的高度函数 $y=f(x)=0$（x 为影响椅子摆放稳定的因素）时，椅子放稳.

在“航行问题”中，三种语言的表述分别如下.

(1) 生活语言：船沿着直线航行，且做匀速运动.

(2) 符号语言：船速为 v_1，水速为 v_2，船位移为 s，时间为 t，t 与 s 成正相关.

(3) 数学语言：当 $t>0$ 时，船位移 s 与时间 t 的关系为

$$s=s_0+(v_1\pm v_2)t, \tag{1.1}$$

其中 s_0 表示船的初始位置.

船的航行速度为

$$v=v_1\pm v_2. \tag{1.2}$$

1.1.3　数学建模五步法

数学应用题是教学者从讲授相关知识的目标和任务去看问题的过程，而数学建模是建模者从应用目标和任务去看问题的过程. 前者根据讲授知识的步骤可以归纳出数学应用题五步法，后者也可以根据解决应用问题的过程归纳出相应的五步法，即数学建模五步法. 数学建模的步骤流程与问题性质、建模目的等有关，数学建模五步法可以表述如下：

(1) 模型准备. 明确建模目的，搜索信息，弄清对象特征，形成清晰的问题.

(2) 模型假设. 抓住问题的主要因素，忽略次要因素，做出合理的简化假设.

(3) 模型构建. 根据所做假设，用数学语言表述对象特征，建立数学模型.

(4) 模型求解及验证. 用数学方法和计算机技术求解模型，并进行验证.

(5) 模型应用. 得出模型的结论并在一定领域内推广.

数学建模就是将生活语言转化为符号语言、符号语言再转化为数学语言的过程.

1.1.4　数学建模五要素法

为了加深对数学建模五步法的理解，我们还需要知道各个步骤的要点，总结出以下建模问题分析框架（简称数学建模五要素法）.

(1) 目标:建模任务、选定角色、确定场景、确定角色目标、评价目标.

(2) 因素:选定环节、摸清主线、确定因素、评价指标.

(3) 规则:收集信息、提炼特征、表述规则、建立模型或规则.

(4) 验证:寻找案例、确定目标与因素、验证规则和模型.

(5) 预测:模型合理、开展应用、模型预测、体现价值.

图 1.1 所示为数学应用题五步法、数学建模五步法、数学建模五要素法的关系对比.

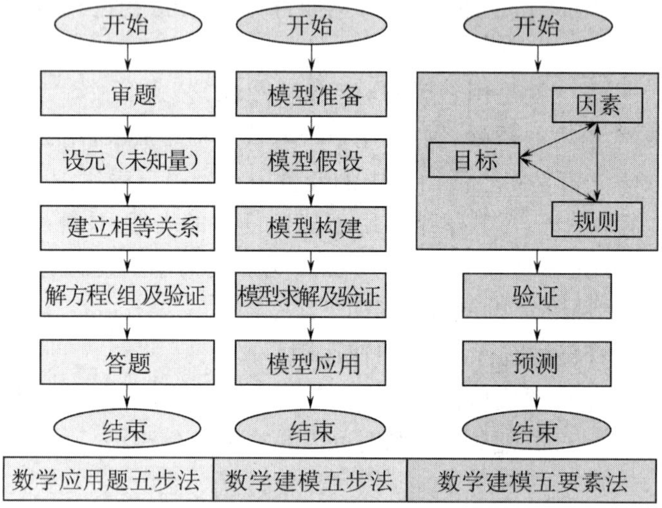

图 1.1 三种方法的关系对比

§1.2 数学建模的目标

1.2.1 建模任务

建模任务:在已知一定信息和约束条件的情况下,需要总结出目标、信息间的规律、特征,建立符号系统,并用数学语言表达.

建模任务基于一定生活语言信息转化的符号语言,以数学语言表述特征规律.建模任务包括对已有信息的抽象、简化、假设、引进变量等处理过程,将实际问题用数学公式表达,数学模型的建立,以及运用数学方法和计算机技术进行求解.

"航行问题"中,已知在一定的空间、时间范围内,船在甲、乙两地顺水或逆水匀速航行,所求的是船速、水速.设船速为 x km/h,水速为 y km/h,总结出路程与时间之间的关系,建立方程组,达到解决问题的目标.根据上述分析,我们可以得到"航行问题"的信息和约束条件、符号系统及数学语言,如表 1.3 所示.

表 1.3 "航行问题"的信息和约束条件、符号系统及数学语言

信息和约束条件	在一定的空间、时间范围内，船在甲、乙两地顺水或逆水匀速航行，所求的是船速、水速
符号系统	设船速为 x km/h，水速为 y km/h
数学语言	$(x+y)\cdot 30=750$，$(x-y)\cdot 50=750$

值得注意的是，数学模型的表现形式多种多样，并不局限于公式，如算法、流程（仿真的模型）等都属于数学模型的范畴.

数学建模还有一个经典问题：把椅子往不平的地面上一放，通常只有三只脚着地，放不稳，然而只需稍挪动椅子几次，就可以使四只脚同时着地，放稳了. 这便是"椅子在不平的地面上能否放稳"的问题（以下简称"椅子问题"）. 下面从数学的角度加以解释"椅子问题"中的建模任务：在日常生活中放置椅子时，对椅子能放稳的位置寻找相关特征和规律，通过以点出发及以线出发，设元，用数学语言建立约束条件. 以点出发对"椅子问题"进行具体分析，得到信息和约束条件、符号系统及数学语言，如表 1.4 所示（将会在第 7 章中详细介绍这个问题）.

表 1.4 "椅子问题"的信息和约束条件、符号系统及数学语言

信息和约束条件	日常生活中在不平的地面上放置椅子
符号系统	设椅子在不同位置时的旋转角度为 θ，A，C 两脚与地面的距离之和为 $f(\theta)$，B，D 两脚与地面的距离之和为 $g(\theta)$
数学语言	$f(\theta)=g(\theta)=0$

1.2.2 选定角色

角色：在一定的环境条件下，为角色目标而具备特定技能的可完成某个特定任务的人或物.

角色的选定依托于一定的环境，因此在选定角色时，要确立好环境. 环境和角色往往决定角色目标是怎么完成的. 角色有一个固定的立场，不同角色的立场不同，角色目标也会随之产生变化，而角色目标的变化，还会导致角色的变化. 角色是建模任务的中枢，环境、角色目标、评价目标、因素、因素评价等都通过角色贯穿起来.

角色技能是角色所必须具备的属性，是区分角色的主要依据. 角色能掌握并运用一定的专业技术，并凭借该技术完成针对建模任务的某个方面的任务. 角色目标是指角色对于建模任务有一定方面的需求，是角色行动的动力. 角色目标表征变量有可能成为建模任务因变量. 为了实现角色目标，角色所需要完成的工作就是角色任务. 需要注意的是，角色目标与建模任务目标不等价.

主要角色是建模任务中的实施主体，是主要研究对象. 除主要角色外，还有次要角色，它是与主要角色关联程度较大的角色. 在建模任务中，次要角色目标往往是主要角色目标的影响因素.

随着角色的转变，角色的技能、目标、任务和环境都可能发生转变. 例如，对于消费者和服务员角色，他们都处于餐厅环境中，但是他们的角色技能、角色目标、角色任务各有不同，并且相互影响. 如图 1.2 所示，消费者拥有的技能是支付手段，目标是获得服务，为了目标需要完成的任务是消费一定金额；服务员拥有的技能是业务能力，目标是完成工作，为了目标需要完成的任务是提供对应服务. 若选择服务员为主要角色，则消费者的角色任务“消费一定金额”会成为服务员的角色任务“提供对应服务”的一个重要影响因素；反之，服务员能够提供怎样程度的服务（如有无包间、无烟室等），也会影响消费者的消费金额情况.

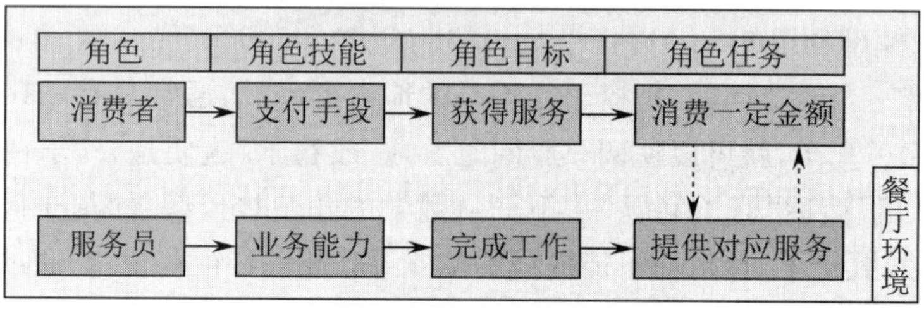

图 1.2　消费者-服务员角色梳理

角色身处环境，为达到目标，依靠自身技能，完成对应的任务，这就是角色在建模任务中的工作流程. 由此，我们可以通过角色把办事的流程章法联系起来，这有助于我们在数学建模时形成建模创新思路.

数学建模五步法以模型构建为中心. 面向实际应用问题时，初学者容易仅从“解题人”的角度（学知识的角度）出发来确立具体的任务目标，而不是立足于数学模型和数学结构，使得模型的方法和答案很难具有实际应用价值. 这是因为初学者没有足够的角色感.

数学建模五要素法以实际问题为中心. 面向实际应用问题时，我们思考整个实际问题中可能涉及的角色，并选择与建模任务关联性高的角色，根据角色确定技能、目标、任务和环境，进而确定整体建模方向，从而提高模型的应用价值.

例如，在“椅子问题”中，设定的应用场景可能涉及的角色有学生、服务员、家具设计师等，假设将这三位角色的任务都确定为放稳椅子. 他们的角色任务、角色技能、角色目标对比如表 1.5 所示，可见角色不同，所产生的角色目标差异也较大，甚至大相径庭.

表 1.5　实际的“椅子问题”中各类角色信息对比

角色	角色任务	角色技能	角色目标
学生	放稳椅子	动手能力	回答放稳椅子的问题，进行知识学习
服务员	放稳椅子	动手能力、沟通能力	为顾客放稳椅子，给顾客良好的体验感
家具设计师	放稳椅子	动手能力、沟通能力、设计能力	设计一款美观且没有缺陷的椅子

需要注意的是，在选择角色时，要选择建模任务最可能面向的角色，即角色的选择是非常重要的. 如图 1.3(a) 所示，如果将角色定为登山者，去悬崖边探讨“椅子问题”，就有钻牛角尖的嫌疑，此问题不具备实际应用意义. 但是，如图 1.3(b) 所示，如果将角色定为服务员，去餐馆探讨“椅子问题”，就是有现实意义的，探讨出的结果也更具有广泛性和代表性.

(a)

(b)

图 1.3 “椅子问题”的场景

1.2.3 确定场景

场景:在特定的时间、空间内,为了完成角色的任务目标所应该具备的一个基础环境,角色依托于场景.

由于建模任务涉及的因素、信息繁多,因此建模任务首先要选定角色,确定任务目标,确定角色所依托的场景,判断哪些因素是值得考虑的,哪些是不需要考虑的,并把场景准确地表述出来.对于无须考虑的因素,可以建立场景环境,简化建模任务条件,进而形成假设条件.场景是假设条件的生活语言化表述,下面用一个对话例子来解释场景的重要性,如图 1.4 所示.

(a)

(b)

图 1.4 场景在对话中的作用

在图 1.4(a) 中,对话的第三人 A 无法理解 B 和 C 两人对话所阐述的信息.这是因为 B 和 C 二人处于同一个时间、空间的场景,即学校,而 A 不了解这一场景.只有当 A 了解学校内区域分布这一知识场景后,他才能理解对话的信息,如图 1.4(b) 所示.

通过这个例子,我们可以看出,建模往往是以模型研究者作为第三方的视角去分析问题的.这需要我们把问题中潜在的场景准确地表述出来,形成模型假设条件的表述框架.对场景的描述,可以通过文字、流程图、框架图、实景等来表述.例如,对“航行问题”的教学场景进行分析,各类表述方案如下.

(1) 文字表述:风平浪静,航道全程直线且足够宽,航道上只有一艘船在航行,船速、水速在航行过程中不变,且航行时间不受其他因素的影响.

(2) 实景表述:将“航行问题”中所涉及的各种事物进行筛选,对于与航行关联性高的事物进行保留,与航行关联性低的事物进行简化表示.如图 1.5(a) 所示,船在城市的江面上航行,江岸两边的建筑物对航行的影响较小，因此对两岸情况进行简化，如图 1.5(b) 所示.

(a)

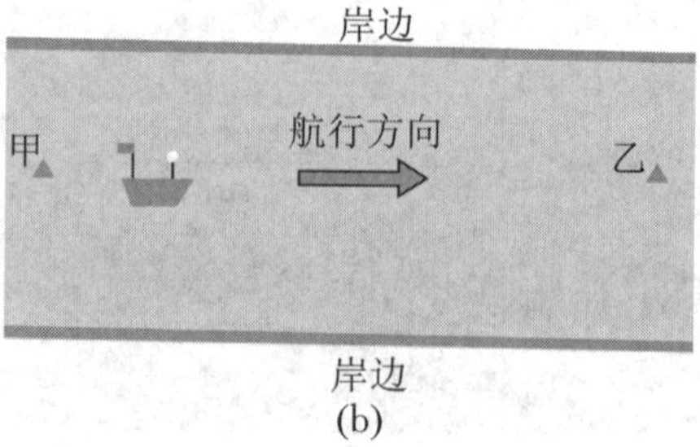

(b)

图 1.5　实景与教学场景

(3) 框架图表述：针对实际场景中的众多因素，我们还可以获得一个如图 1.6 所示的知识图谱，它有助于我们发现与问题存在关联的因素.

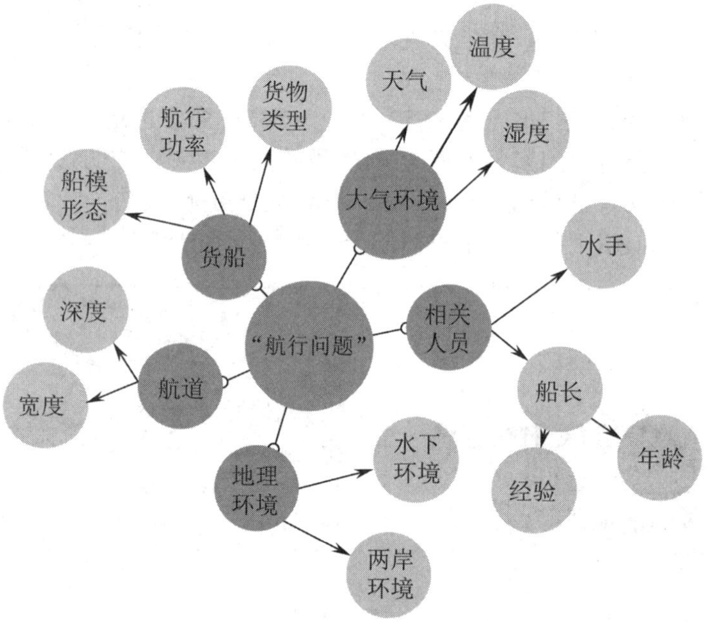

图 1.6　"航行问题"知识图谱

知识图谱是从实际场景层面发掘与问题相关的因素，但实际场景中存在大量的、与建模任务关联性不大的因素，因此我们需要对知识图谱进行因素过滤、简化. 从模型设计层面来说，知识图谱形成知识体系框架图，新形成的框架图强调因素与建模任务、因素与因素之间的逻辑性. 在教学场景下，"航行问题" 框架如图 1.7 所示.

但需要注意的是，"航行问题" 的场景只适用于教学场景，目的是教学数学知识，船只航行处于极度理想化的条件，不适用于其他场景. "船速、水速在航行过程中不变，且航行时间不受其他因素的影响" 这一极度理想化的假设就是一种任务的基础环境，是在"教学者" 这一角色和 "讲解线性方程组知识" 这一目标的前提下才设立的. 事实上，实际问题的数学模型要复杂得多，需要考虑的影响因素也较多，如航道拥堵情况、水速的变化情况、天气情况等. 一般初学者可能考虑航行问题都是直接从教学场景出发，而不是从生活实景场景的知识图谱中提炼出理论场景. 我们在解决建模任务前，首先要认识实景场景，尽可能挖掘潜在的重要信息.

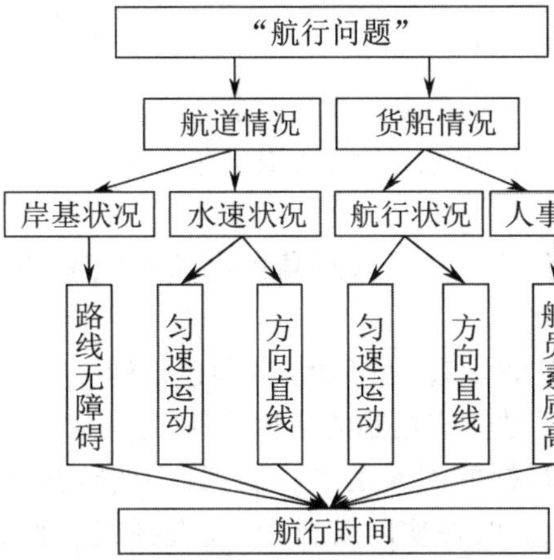

图 1.7　“航行问题”框架图

对“椅子问题”的场景进行分析，各类表述方案如下.

(1) 文字表述：一家餐馆刚开业，服务员检查目标餐桌地面情况，在较为平整之处放置一把椅子，并通过旋转椅子检查其平稳程度.

(2) 实景表述：如图 1.8(a) 所示的实景场景，我们针对一把椅子的 A,B,C,D 四椅脚与地面的距离进行极坐标系上的讨论，将餐馆实景环境中的大部分物体(如桌子、墙面、椅子坐板等)都进行简化，如图 1.8(b) 所示.

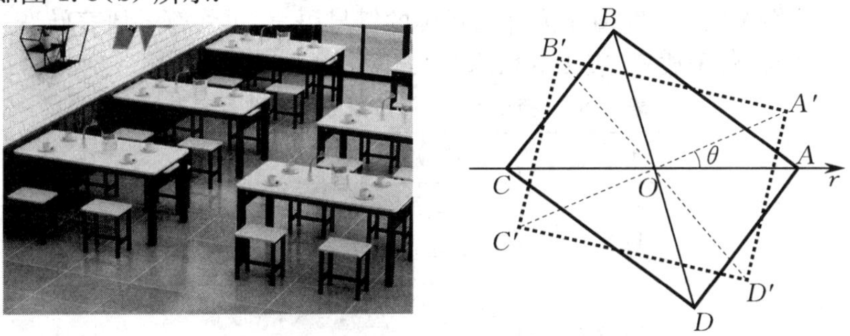

(a)　　　　(b)

图 1.8　实景与教学场景

(3) 框架图表述：在简化之后的场景下，“椅子问题”框架如图 1.9 所示.

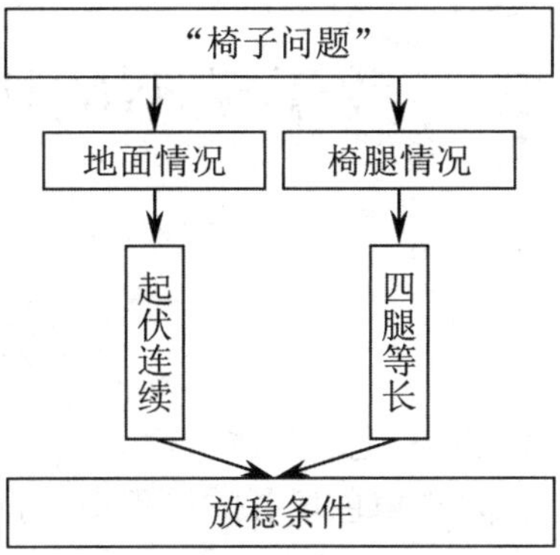

图 1.9　“椅子问题”框架图

1.2.4 确定角色目标

角色目标：在一定场景下，角色为了满足自身需求所需要的信息. 角色目标的确定是综合考虑了角色立场与应用场景的. 为了实现角色目标，该角色所需完成的任务称为角色任务，角色任务不等价于建模任务.

通过分析角色目标，思考如何用变量去表述角色目标的好坏，对角色目标进行量化，有利于之后确定角色目标的评价指标.

例如，在“航行问题”中，选择“教学者”的角色，其角色目标为“讲解线性方程组知识”. 根据角色目标，就产生了求解“航行问题”数学应用题的角色任务，并构建了一套高度理想化的场景.

而在现实场景中，影响建模目标的因素是多样的，我们要根据角色目标与建模目标的关联性选择合适的角色及角色目标. 例如，在实际航行中，需选择船长作为角色，因为船长的目标为准确把握每次航行时间以此提高效率，这个目标与求解船速、水速的建模目标有相当强的关系.

1.2.5 评价目标

评价目标：度量角色目标，直接关系到角色目标的影响因素.

评价目标这一过程把目标进行量化，将生活语言的目标符号化，量化为数学语言，用于之后的目标优化和模型求解.

例如，在“椅子问题”中，评价目标用文字语言表述为：放稳或者不稳. 现令 $X=1$ 代表放稳，$X=0$ 代表不稳，将 X 的 0，1 取值作为评价目标的符号语言，再将符号语言转变为数学语言：当 $f(\theta)=g(\theta)=0$ 时，椅子放稳. 表 1.6 所示为“椅子问题”评价目标的三种语言.

表 1.6 “椅子问题”评价目标的三种语言

生活语言	放稳或者不稳
符号语言	$\begin{cases} X=1, & \text{放稳} \\ X=0, & \text{不稳} \end{cases}$
数学语言	$\begin{cases} f(\theta)=g(\theta)=0, & \text{放稳} \\ \text{否则}, & \text{不稳} \end{cases}$

§1.3 数学模型的因素

1.3.1 选定环节

流程：角色任务根据时间先后顺序实施的具体步骤.

环节：角色为实现角色目标，在完成角色任务的过程中，所涉及的互相关联的诸多事物中的一个.

对于某个特定角色和场景条件，我们可以通过纵向梳理角色任务的流程，考虑每一环节的输入、输出及对应关系，分析得到各个环节安排的流程，分解建模任务；再通过横向分析环节与建模任务的相关性，通过选定的角色和环境，对角色目标进行简化.

例如，在船长执行航行任务的流程中，船长需要按先后顺序经历“开船离岸”→“开船航行”→“停船靠岸”三个环节. 同时，针对这三个环节又可以找出各个相关联的小环节，如在“开船离岸”环节中还涉及“货物梳理”“设备检查”“人员安排”三个平行的环节，具体的流程和环节如图 1.10 所示.

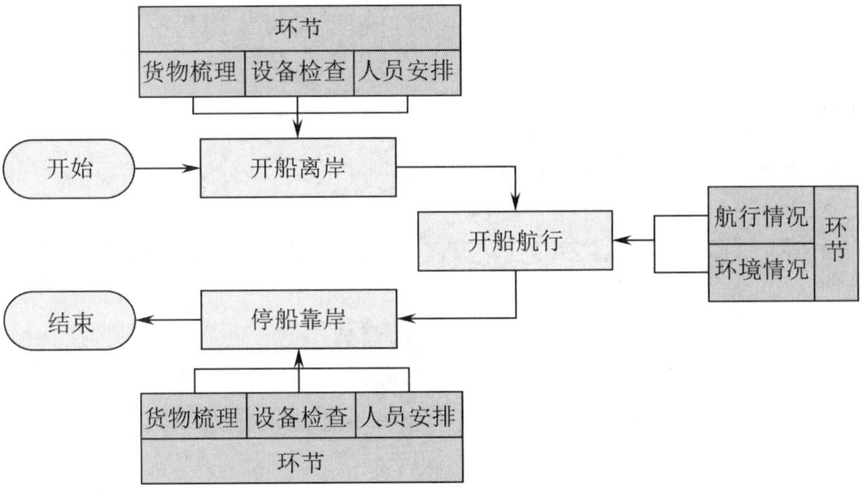

图 1.10　航行任务流程与环节

船航行速度、水流速度主要影响“开船航行”环节，因此“航行问题”只选定这个环节作为求解问题的主要环节，将这个环节剥离出来，而非主要环节则转化为假设条件.

1.3.2　摸清主线

线索：建模任务的切入点以及贯穿整个任务情节发展的脉络，追溯主线的突破口.

主线：建模任务中占据主导地位的、统领方向的主要脉络. 主线按一定线索构成的一个体系，不因角色选定的改变而改变. 线索信息构成了主线中各节点的前因后果，以线索为突破口可以追溯主线.

主线是最为核心的内容，体现创新逻辑框架，有利于表达创新内容和工作内容. 根据任务线索，摸清建模任务中的主线，可以梳理出主线中的各个步骤与线索的因素之间的关系.

根据建模任务选择主要讨论的步骤，可以分离出哪些因素是值得考虑的，哪些因素是应该舍去的. 对于值得考虑的因素，可将其作为创新的注重点，进行创新优化；对于应该舍去的因素，可将其作为假设条件组成部分.

例如，在“航行问题”中，以货船的累计里程数、燃料类型、船炉功率、载货程度等为航行的主要因素，贯穿于整条航行主线. 以“载货程度”为线索，可以追溯“靠岸卸货”→“货船航行”→“货船离岸”这一逆过程，将这一逆过程反转过来即为载货航行的一条主线，如图 1.11 所示.

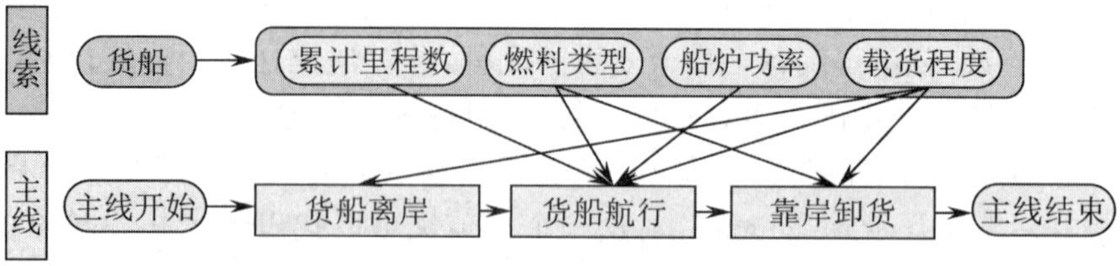

图 1.11　货船主线

又如,在“椅子问题”中,以椅子的“旋转角度”为线索,可以追溯“旋转固定椅子”→“放下椅子”→“粗观察合适位置”这一逆过程,将这一逆过程反转过来即为放椅子的主线,如图 1.12 所示.

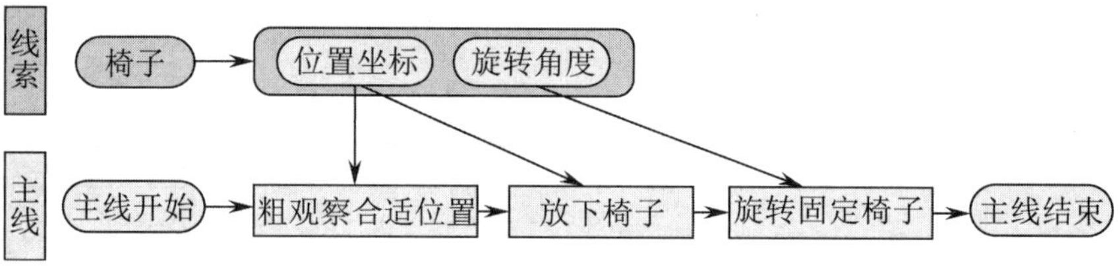

图 1.12　椅子主线

需要注意的是,主线与流程存在一定的区别与联系. 主线为建模任务提供总体方向,但是不能直接作为实践的指导方案,需要经过细化成为流程后才能转化为可执行的方案.

1.3.3　确定因素

因素:在一定场景和角色下,影响目标达成的实施对象所具备的条件、要素或原因.

一般通过线索对主线进行切入分析,来选定角色目标的影响因素. 因素的选定十分重要,直接影响了接下来的决策优化方向,以及提供决策依据. 因素选取的好坏直接影响建模优化的效果.

在图 1.6 所示的知识图谱中,涉及了实际航行问题中的许多可能因素. 根据角色的不同,因素可能对角色目标产生影响,也可能不产生影响,需要判别哪些线索的信息是建模任务需要的,适合作为切入点,从而建立假设条件.

如图 1.13 所示,在“航行问题”中,对于不同的角色,货船航行的影响因素会有所不同. 站在“教学者”的立场,因素是船速状态和水速状态,即货船速度、水流速度的数值以及货船所做运动;站在“船长”的立场,因素是航行水平、生活习惯;站在“环境学者”的立场,因素是大气环境、洋流分布.

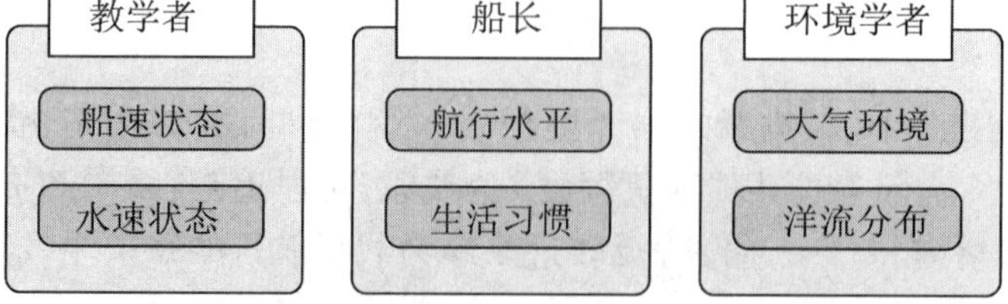

图 1.13　不同角色下航行的可能影响因素

1.3.4 评价指标

评价指标:对于选定的因素用一个变量进行表述,得到数学语言.评价指标即为角色任务因变量的自变量.

例如,“航行问题”中的两个因素的评价指标分别为

(1) 船速状态:船做匀速直线运动且速度用 v_1 表示;

(2) 水速状态:水流做匀速直线运动且速度用 v_2 表示.

又如,针对微信公众号的影响力,站在企业运营的角色场景下,可分析得到文章满意度 y_1 和头条吸引度 y_2 为角色目标,而文章总数 x_1、发布次数 x_2、总阅读量 x_3、平均阅读量 x_4、头条文章阅读量 x_5、超 10 万阅读量文章数 x_6、总点赞数 x_7、平均点赞数 x_8、最高点赞数 x_9、点赞率 x_{10} 为角色任务因素的评价指标,如图 1.14 所示.

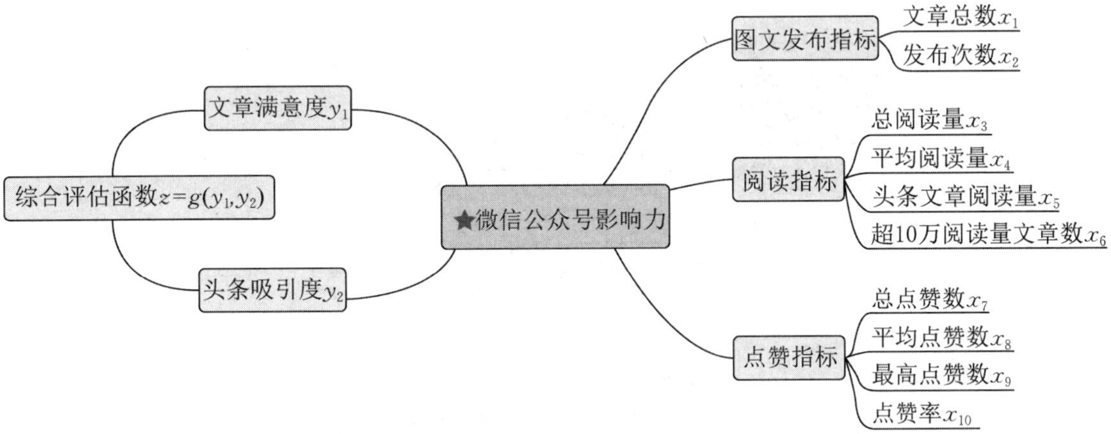

图 1.14 微信公众号影响力的角色目标与因素评价指标

至此,建模任务的目标指标与因素指标选定完毕,接下来需要收集相关的原理、特征、方法信息,从而建立它们之间的关系.

§1.4 数学建模的规则

1.4.1 收集信息

收集信息:在确定因变量和自变量后,通过各种方式获取建模任务所需要的相关原理、关系特征知识,建立建模任务的知识体系.

收集信息是模型求解最首要的工作.只有去了解问题背后所涉及的各个领域知识,才能根据所选择的角色场景,确立建模的具体方向,进行更深入的信息采集.收集信息的方式是多样的,最常见的是从数据层面收集信息,如微信公众号影响力,收集各个热门公众号的活动和业绩

信息，从中归纳提炼出建模目标；也可以从专家层面获得经验、原理，如在“椅子问题”中询问家具设计师哪种设计的椅子比较容易放稳；信息层面也是一个十分重要的方向，它通过先获取知识信息，再进行数据验证为知识做支撑. 最经典的是统计学中的假设检验，对总体参数提出一个假设值，然后利用样本信息判断这一假设是否成立.

例如，在实际航行中，影响航行过程的因素来自各个领域，如机械动力学、环境学、管理学、材料学等. 通过查询资料可以建立货船航行的知识体系，如图 1.15 所示，根据所选角色可以选定适合问题的信息作为模型的主要因素.

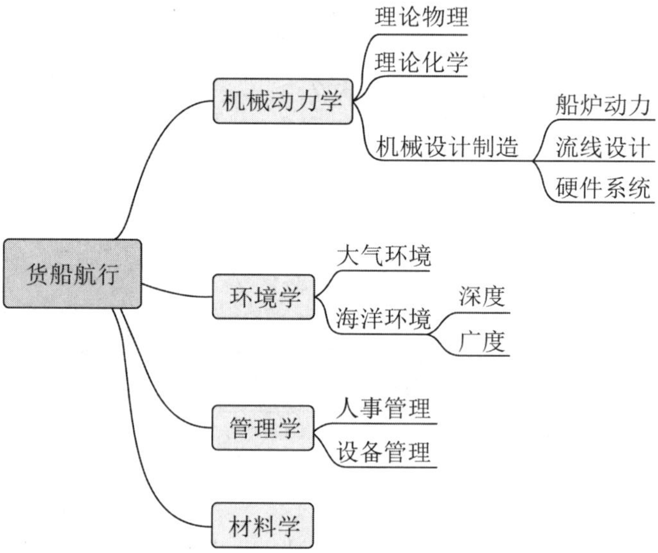

图 1.15 货船航行知识体系

1.4.2 提炼特征

提炼特征：通过建立的知识体系，从各类信息中追溯知识内在的概括性的规律、经验，并将生活语言转化为数学语言.

例如某病毒溯源问题，通过收集信息，已知第一病例登记在册时间(生活语言特征)，将其转化为每个地区一号病人确诊时间序列 $p_1, p_2, \cdots, p_n$(符号语言特征)；再寻找最小的 $p_i(i=1, 2, \cdots, n)$ 索引

$$Y = \underset{p_i(i=1,2,\cdots,n)}{\arg} \min(t(p_1), t(p_2), \cdots, t(p_n)),$$

即病源地 Y 与时间序列 $p_1, p_2, \cdots, p_n$ 的关系(数学语言特征).

通过不断深入收集，我们可以得到许多可能有价值的信息，但是这些信息通常是不规范的，即信息间存在着一定的联系和区别，但直接收集的数据里并没有将其表述出来. 提炼特征就是把信息内在的规律、联系用规范的书面语言进行表达，建立各种关系的基础，产生模型的原型.

在实际问题中，建模任务可能会涉及多个领域，包含多方面的信息知识. 根据信息知识之间的联系和区别，追溯出其内在的规律特征，并建立一套符号系统，将这些规律特征用数学语言表述.

例如实际航行中，货船航道笔直、航速稳定、没有变速的信息可以提炼出货船做匀速直线运

动这一特征，提炼特征过程如图 1.16 所示.

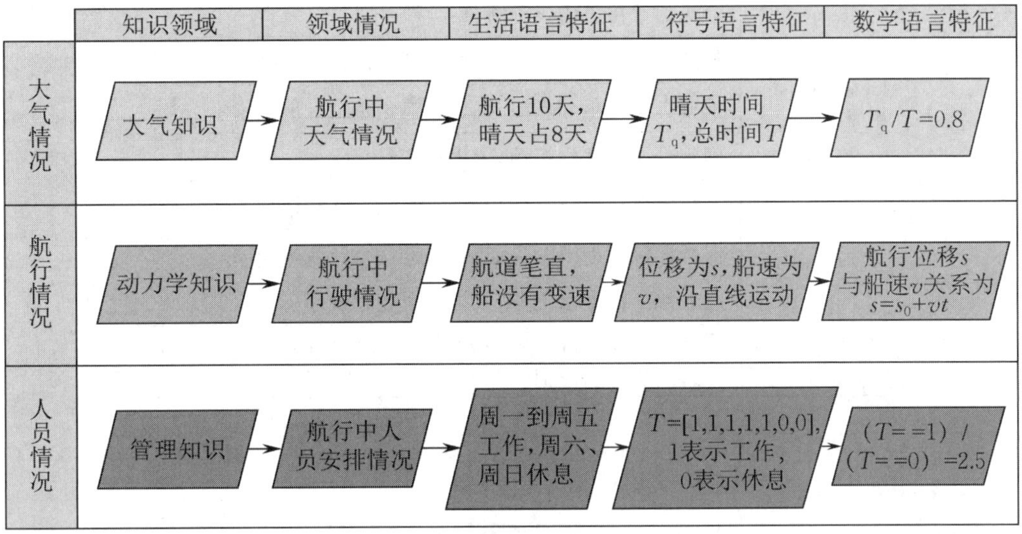

图 1.16　提炼特征过程

1.4.3　表述规则

表述规则：建立数学符号系统，用符号语言表述提炼出的特征.

提炼的特征仅仅停留在生活语言层面，接下来还需要完成从生活语言到符号语言再到数学语言的转化(建立生活语言与符号语言的关系，形成数学语言).

根据表 1.7 中提炼出的特征，从动力学方面建立符号系统.

表 1.7　建立符号系统

符号	意义	符号	意义
s	航行的位移	a	船的加速度
v	船的速度	s_0	船的初位移
t	航行的时间	v_0	船的初速度

根据符号系统以及牛顿运动定律知识，将船匀速直线运动这一特征用符号表示为

$$s=s_0+v_0t+\frac{1}{2}at^2=s_0+vt,\tag{1.3}$$

$$v=v_0.\tag{1.4}$$

1.4.4　建立模型或规则

根据数学建模五要素法的流程建立模型或规则，如表 1.8 所示.

表 1.8　建立模型或规则

确立目标	站在不同角色的立场，总结出建模任务
	选择任务的角色立场，确立角色任务目标
	确定角色任务目标的评价指标或度量，得出因变量

续表

提炼因素	分析选定角色的任务流程,分解环节
	找到建模任务的线索,以此为切入点追溯主线
	根据选定角色和场景,确定影响角色目标的因素
	确定因素的评价指标,得出自变量
建立模型或规则	广泛收集建模任务的相关知识,建立知识体系
	根据建模任务中的描述信息,提炼特征或规律
	建立数学符号系统,用数学语言表述规律
	建立模型和评价准则,构建因素与评价的关系,用模型去表示特征的规则

§1.5 数学模型的验证

数学模型的验证是在建模目的下,把因素的取值数据代入模型得到预测值,测定预测值与观测值之间的吻合度,用于验证模型的精确度.下面将以一个具体案例来表述模型验证的过程.

例 1 基于环保监测数据的城市污染排放模式分析.

基于环保监测站点的实时空气质量数据,分析站点附近及其所在城市的空气污染情况,挖掘得到城市的污染特征信息.空气污染监测数据空气质量指数如表 1.9 所示.

表 1.9 空气污染监测数据空气质量指数

城市	唯一代码	时间节点	O_3	PM10	PM2.5	SO_2	CO	NO_2
city1100123	unique11001	2016－11－01 01:00:00	11	25	10	2	0.4	41
city1100123	unique11001	2016－11－01 02:00:00	2	21	11	6	0.4	45
city1100123	unique11001	2016－11－01 03:00:00	2	24	10	3	0.5	60
city1100123	unique11001	2016－11－01 04:00:00	2	20	13	3	0.6	65
city1100123	unique11001	2016－11－01 05:00:00	2	35	16	2	0.6	64
city1100123	unique11001	2016－11－01 06:00:00	2	33	14	2	0.7	62
city1100123	unique11001	2016－11－01 07:00:00	2	36	17	2	1	62

续表

城市	唯一代码	时间节点	O_3	PM10	PM2.5	SO_2	CO	NO_2
city1100123	unique11001	2016-11-01 08:00:00	2	41	21	3	1.1	64
city1100123	unique11001	2016-11-01 09:00:00	3	42	19	8	1.1	68
city1100123	unique11001	2016-11-01 10:00:00	10	37	23	8	0.8	63

在本问题中，根据任务目标，实施的具体过程如图 1.17 所示.

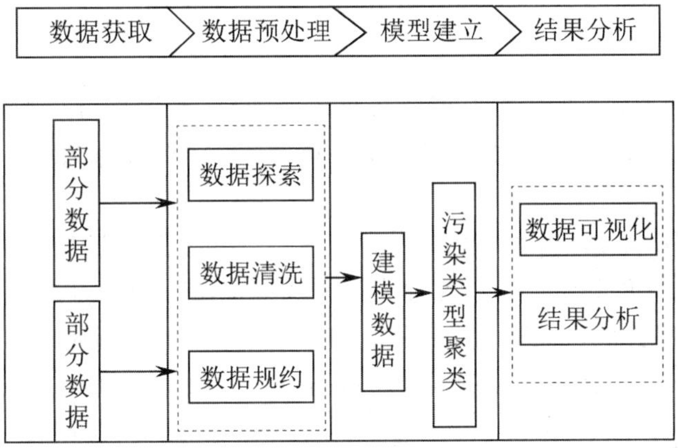

图 1.17 基于环保监测数据的数据挖掘框架过程

在建立模型后，将图 1.17 中的数据分为两部分，一部分为训练集，一部分为测试集，其中测试集就是用来验证模型精确度的. 如果用测试集检验后，模型和实际情况高度吻合，那么认为模型是可行的(具体分析不在此详述，案例在第 7 章会有详细说明).

模型验证并不是为了使模型与实际系统完全一致. 因为模型只是对实际系统的一种近似，所以让模型百分之百地复现真实系统的行为是不可能的，也是不必要的.

1.5.1 寻找案例

模型验证的前提是要寻找相似的案例，从中得到与模型相关的数据，或者寻找与问题相关的数据. 模型的验证需要数据的支撑，如在基于环保监测数据的城市污染排放模式分析中，建立好模型后，去互联网上爬取得到数据，进入验证环节.

1.5.2 确定目标与因素

此处确定目标与前面确定角色目标概念一致，只是此处的目标值和因素值成对观测. 例如，在基于环保监测数据的城市污染排放模式分析中，角色设定为环保监测员，确定目标与因素按照以下流程进行.

(1) 确定目标.

首先要定义好目标，即解决一个什么样的问题，问题给我们带来了什么样的驱动，是否有足够的理由去支持设计方法的运作.

做好目标的确定，才能更高效地进行模型验证. 模型验证的目标就是去检验建立的模型是否是我们想要的，并适用于实际生活. 因素是目标的延伸和具体化，也就是解决问题的着眼点.

环保监测员的目标是确定污染排放模式，实现对违规排放污染物的企业进行整改. 在验证这个环节，环保监测员的目标就是检验建立好的模型是否能准确排查. 这里可以明确影响污染排放模式的因素有排放时间、地点及浓度.

(2) 剖析流程.

关注流程，是我们应该具备的习惯. 任何一个问题的产生，都有其原因，如事物的好坏、参数的适宜与不当等都有其原因，而诸多原因一般就存在于产生问题的流程当中. 过短的流程可能会抛弃掉显著的原因，过长的流程必将导致资源的浪费. 要高效地进行模型验证，就要尽可能详尽地列出可能的因素，这种做法可以让我们发现问题的诸多可能因素，虽然不能确定哪个因素是重要的，但至少可以确定一个大体方向.

在例 1 中，影响验证结果的因素有污染物聚类的数目、数据是否已进行标准化处理、数据来源的可靠性、聚类方法等，通过分析影响因素，确定一个大体检验方向.

(3) 筛选因素.

对一些根本就不影响或微小影响因素的全面验证分析，其实就是一种浪费，而且还可能导致验证的误差. 筛选因素的目的是确定哪个因素的影响是显著的，可以使用一些低解析度的水平验证或者专门的筛选验证来完成这个任务，这时的验证成本也将得到最小处理. 我们还可以应用一些历史数据，或者完全可靠的经验理论进行分析，来减少验证因子.

(4) 快速接近.

通过筛选验证找到了关键的因素，同时筛选验证还包含一些很重要的信息，那就是主要因素对指标的影响趋势，这是必须充分利用的信息. 这些信息可以帮助我们快速地找到验证目标的可能区域，缩小验证范围，并且改善最优点就在因素的最终反映的水平范围内.

确定目标与因素的流程如图 1.18 所示.

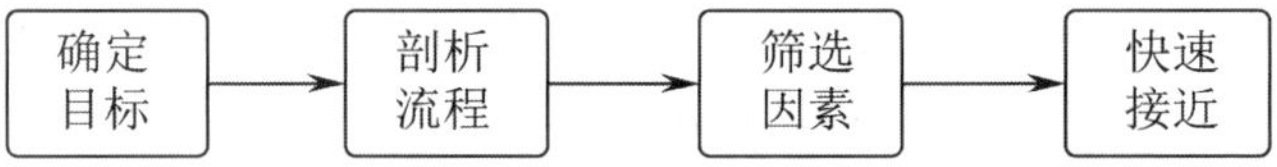

图 1.18　确定目标与因素的流程

1.5.3　验证规则和模型

验证规则和模型：检验模型是否具有合理性，并通过已有或者新得到的数据，代入规则和模型中得到目标值，在一定误差范围内，测定目标值是否与现有数据一致，得到规则和模型的精确度.

例如，在“航行问题”中，把环境定位于教学环境，将船速和水速假定为常数，且货船和水流均做直线运动，建立简单的二元一次方程组模型，而这在现实生活中显然是不合理的.

实现模型的合理性后，需要验证模型，有些模型可以根据方差来验证. 例如，假设 $\hat{y}_i = f(x_i)$，规定当模型预测结果 $\hat{y}_i$ 与实际观测值 y_i 的方差小于 0.5 时，结果可靠性高，这里方差小于 0.5 是规则.

在基于环保监测数据的城市污染排放模式分析中，评判规则就是：当下半夜平均污染持续时间大于上半夜平均污染持续时间时,判别为潜在偷排区域.将数据用相关软件聚类得出结果,与实际结果做对比,模型得以验证.

§1.6 数学模型的预测

1.6.1 模型合理

模型合理:现场试验和模拟结果吻合得很好,或者结合实例、根据知识,分析模型的可行性.

例如,在“航行问题”的教学环境中,假定船速和水速为常数,且货船和水流均做直线运动,在现实生活中,这显然是不合理的.又如,在基于环保监测数据的城市污染排放模式分析中,得到的结果与实际结果一致,那么模型的合理性就得以验证.

1.6.2 开展应用

应用:根据任务目标和建模所获取知识,设计技术应用方案(强调应用性),把技术应用到实际问题中去.

技术:解决问题的方法及方法原理.

在确定模型具有合理性后,需要检验模型是否具有应用性.

开展应用就是告诉使用者建立完成的模型所适用的对象、适用的领域、采用模型的原因以及模型的应用方法.开展应用更像是产品的说明书,让使用者了解模型的使用详情.

例如,建立微信公众号影响力分析模型,这个模型的适用对象是公众号运营者;适用的领域是新媒体方面;采用这个模型的原因是这个模型和公众号运营方面契合.通过应用这个模型,可以分析影响公众号的因素,运营者通过分析得到的因素,可以有针对性地改变公众号的内容,增强公众号的影响力.

1.6.3 模型预测

模型预测:根据掌握的信息、调查、现象、决策等做预测,基于数学模型获取知识,找出规律,提出可能性结果和具体的实施方案.

简单地说,模型预测就是将那些从调查研究、情况汇报或信息部门中获得的现实资料予以定量化,并据此建立与预测目的相适应的、反映事物联系的数学模型,然后进行科学的运算,以定量地预测未来.例如,在基于环保监测数据的城市污染排放模式分析中,对某地某段时间的实时空气质量指数数据,通过模型得到可能存在偷偷排放污染物的区域,环保稽查员就可以进行实地考察,对违规企业进行排查整改.这就达到了模型预测的目的.

1.6.4 体现价值

建立模型,要体现模型的价值.对社会有突出贡献,便体现了模型的社会价值;提升经济收益，便体现了模型的经济价值.

当模型预测在一定误差范围内预测出未来的数据时，该模型就具备了价值. 例如人口预测模型，通过分析一个地区多年的人口数据，掌握人口未来的变化趋势，可以采取不一样的人口政策，避免出现人口过剩或人口老龄化占比过高的现象，这就体现了模型的社会价值. 又如基于环保监测数据的城市污染排放模式分析模型，通过分析污染物排放数据，掌握偷排污染物的地区情况，采取必要措施，保证空气质量，避免生态崩溃，这也体现了模型的社会价值. 再如股票预测模型，通过分析股票走势，实现及时止损或者获利的目的，这就体现了模型的经济价值.

第二部分

数学建模必备知识简要

第 2 章

信息检索

信息检索是用户进行信息查询和获取知识的主要方式，是查找信息的方法和手段 .

若将数学建模的信息检索看作一个建模任务，则可以根据建模任务选定检索角色和检索场景（检索角色和检索场景随着建模任务的不同会发生变化），并梳理检索的流程和主线，确定检索的角色目标与影响因素 . 角色目标可以是查询和获取与建模密切相关的资料、知识；影响因素可以是检索词、检索引擎、检索数据库等 . 收集检索结果后，形成知识体系，并根据资料的摘要、结论等提炼资料信息特征，按一定规则对文章资料总结归类，建立目标和资料的框架图 . 可以选择一篇关键词已知的文献，用自己所设定的关键词检索，来验证自己关键词选取是否准确 . 之后，根据已搜集到的合乎要求的信息，再次修改检索词、检索引擎、检索数据库等，收集信息，进行应用 .

§2.1 检索工具

2.1.1 检索网站

1. 常用竞赛网站

(1) 国赛官网　www. mcm. edu. cn

(2) 数模知识库　www. shumo. com/wiki/doku. php

2. 常用数学建模论坛网站

(1) 数学中国　www. madio. net

(2) 赛氪　www. saikr. com

3. 常用源码检索网站

(1) Pudn　www. pudn. com

(2) WolframAlpha　www. wolframalpha. com

4. 常用文献检索网站

(1) 百度学术　xueshu. baidu. com

(2) 谷歌学术(镜像站)　so. hiqq. com. cn

(3) 中国知网　www. cnki. net

(4) 万方数据　www. wanfangdata. com. cn

(5) 维普网　www. cqvip. com

(6) EI 检索入口　www. engineeringvillage. com/search/quick. url

(7) Web of Science　www. webofknowledge. com

(8) ScienceDirect　www. sciencedirect. com

5. 常用工具检索网站

(1) 英文修改　www. 1checker. com

(2) 搜索集成　www. chongbuluo. com

2.1.2 检索引擎

1. 百度

百度搜索(baidu. com)是全球领先的中文搜索引擎，截至 2010 年收录中文网页已超过 200 亿，并且还在保持快速的增长. 百度搜索具有高准确性、高查全率、更新快以及服务稳定的特点，能够帮助广大网民在浩如烟海的互联网信息中快速地找到自己需要的信息. 百度搜索的界面如图 2.1 所示.

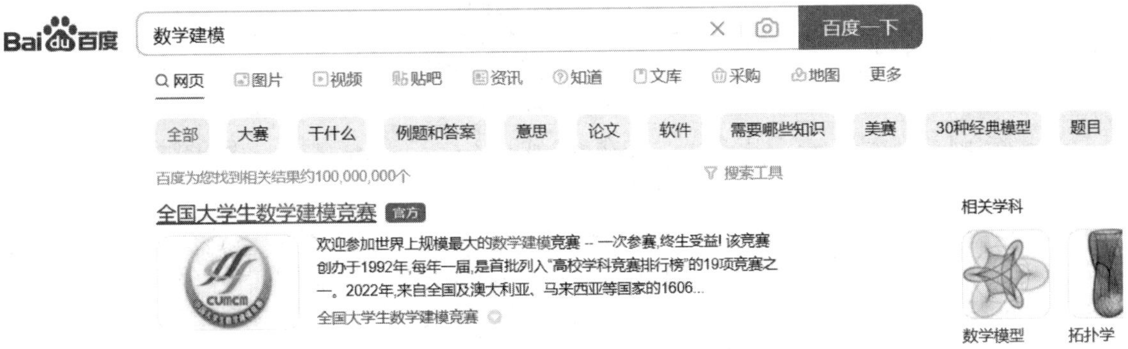

图 2.1 百度搜索的界面

2. 搜狗

搜狗搜索(sogou. com)致力于中文互联网信息的深度挖掘,帮助中国上亿网民加快信息获取速度,为用户创造价值. 搜狗搜索的界面如图 2.2 所示.

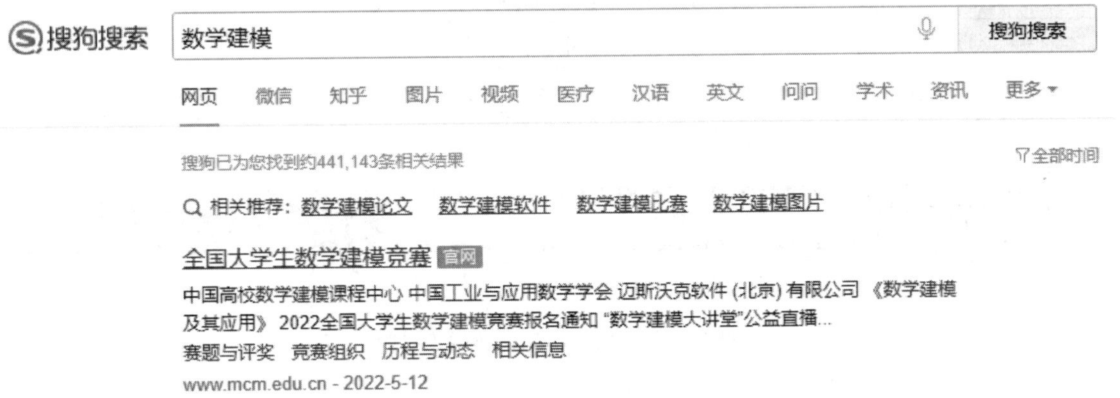

图 2.2 搜狗搜索的界面

§2.2 信息检索的方法

1. 主题检索

主题检索是按文献信息的主题内容进行检索的方法. 通过对课题进行主题概念分析,提炼主题概念,选择能表达主题概念的词语,确定主题词(又称为叙词)、关键词或标题词.

主题检索需要注意检索式的表达,表 2.1 所示为常用的检索运算符. 需要注意的是,不同类型的检索网站的部分运算符使用规则有一定的区别,在进行主题检索前应该先了解该网站的运算符使用规则.

表 2.1 检索运算符

运算符	检索含义	适用检索项
='str1' * 'str2'	包含 str1 和 str2	所有检索项
='str1' + 'str2'	包含 str1 或 str2	
='str1' − 'str2'	包含 str1,不包含 str2	
='str'	精确检索 str	作者、第一负责人、机构、中英文刊名
='str/SUB N'	第 N 位包含检索词 str	
%'str'	包含词 str 或 str 切分的词	全文、主题、题名、关键词、摘要、中图分类号
='str'	包含检索词 str	
='str1/SEN N str2'	同段,按词序出现,间隔小于 N 句	
='str1/NEAR N str2'	同句,间隔小于 N 个词	主题、题名、关键词、摘要、中图分类号
='str1/PREV N str2'	同句,按词序出现,间隔小于 N 个词	
='str1/AFT N str2'	同句,按词序出现,间隔大于 N 个词	
='str1/PEG N str2'	全文,词间隔小于 N 段	
='str $ N'	检索词出现 N 次	

百度学术主题检索的界面如图 2.3 所示.

图 2.3 百度学术主题检索的界面

2. 分类检索

分类检索是一种按照文献信息所属学科(专业)类别进行检索的方法.通过对课题内容分类分析,按分类法进行分类,获取分类号.

中国知网分类检索的界面如图 2.4 所示.

图 2.4 中国知网分类检索的界面

3. 代码检索

许多文献信息具有唯一的或一定的代码,如化学分子式、结构式、化学物质登记号等.根据各种代码可编制成不同的代码索引,在已知代码的前提下,利用代码检索能查到所需文献,满足特性检索的需要.利用代码检索的方法,需对代码的编码规则和排检方法有一定的了解,往往可以从代码判断文献的种类、出版的年份等,有助于文献检索的进行.我们可以在CSDN网站上广泛搜索代码(注意算法名字及简写),检索的界面如图2.5(a)所示;也可以在GitHub网站上搜索,这对使用Python编程解决问题的帮助尤为明显,检索的界面如图2.5(b)所示.

(a)

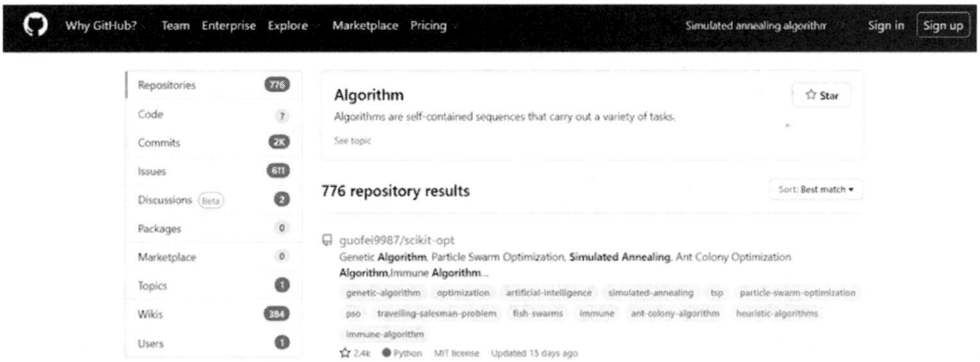

(b)

图2.5　CSDN和GitHub代码检索的界面

检索找到的资料会有很多,这时就需要进行筛选、甄别,即要进行快速浏览.一般来说,论文都会有摘要,摘要是一篇文章的概括,认真地阅读摘要就可以大致了解论文内容.

§2.3　信息检索的规则

拿到建模题目或任务,首先要做的是提炼出问题涉及的关键词,然后利用各种搜索引擎及各类文献数据库,检索相关数据、论文和文献.常见信息检索基本过程如图2.6所示.

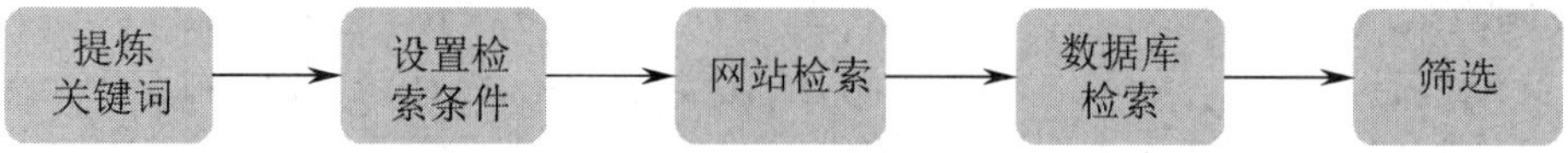

图 2.6　信息检索基本过程

信息检索过程中，较为关键的一步是提炼关键词以及关键词的组建. 对于关键词的检索，涉及单个关键词或多个关键词的检索. 团队成员在拿到建模题目后，分析提炼出关键词，由检索员将提炼的关键词按照“与、或、非”的方式进行组建，设置多个检索条件.

第3章
数学建模技术

数学模型的建立是数学建模过程中最关键的一步，在经过了收集信息，提炼特征，确定角色、场景、目标、因素等过程之后，我们需要表述目标与因素规则、建立目标与因素之间的关系模型.这就需要我们有深厚扎实的数学基础，能利用数学的理论和方法去分析和解决问题.数学模型，是数学与实际问题之间的桥梁，是数学在各个领域广泛应用的媒介，是数学科学技术转化的主要途径.下面将从数学建模五要素法的角度阐述数学建模十大常用数学建模技术.

§3.1 蒙特卡洛算法

3.1.1 蒙特卡洛算法原理

蒙特卡洛算法是一类随机方法的统称. 这类方法的特点是：在大数定律的保证下，建立随机试验观测结果发生的频率与某种目标指标值之间的直接或间接关系，并通过随机数发生器产生大量随机试验的观测结果，对目标指标值进行预测. 当试验观测量不断增加时，预测指标值（又称为近似值）越来越接近真实指标值.

蒙特卡洛算法的主要步骤如下：

(1) 利用随机数发生器生成服从某一分布的样本集；

(2) 对生成的样本集进行试验观测，统计观测结果的频数(频率)；

(3) 运用相关原理和知识，建立观测结果的频数(频率)与目标指标值的关系；

(4) 对目标指标值进行近似值估计，当观测量越大时，近似值与真实值越相近.

1. 蒙特卡洛算法场景

(1) 对于一随机分布的观测样本 $x_1,x_2,\cdots,x_n$，记 $x \sim f(x;\theta)$，其中 $f(x;\theta)$ 为概率密度函数，θ 为 f 的参数且随样本分布变化而变化. 例如，在均匀分布中，概率密度函数为

$$f(x;\theta)=\begin{cases}\dfrac{1}{b-a}, & a \leqslant x \leqslant b,\\ 0, & \text{其他},\end{cases}$$

此时 $\theta=(a,b)$.

(2) 蒙特卡洛算法的近似函数 $\hat{y}=g(x_1,x_2,\cdots,x_n;\theta)$，随着观测量 n 的增加，近似目标值 $\hat{y}$ 逼近真实值 y.

2. 蒙特卡洛算法目标

蒙特卡洛算法目标为建立观测样本 $x_1,x_2,\cdots,x_n$ 与近似目标值 $\hat{y}$ 之间的关系模型

$$\hat{y}=g(x_1,x_2,\cdots,x_n;\theta), \tag{3.1}$$

探究观测样本 $x_i(i=1,2,\cdots,n)$ 的发生频率 $g(x_i)$ 对近似目标值 $\hat{y}$ 的影响.

目标值的具体含义随着任务的不同而不同，例如在之后的 3.1.2“蒙特卡洛算法应用”中，任务是建立在区域 D 内落入圆形区域 C 的观测样本频率 $g(x_i)$ 与圆形区域 C 近似面积的关系，此时近似面积即为算法目标.

3. 蒙特卡洛算法因素

由关系模型 $\hat{y}=g(x_1,x_2,\cdots,x_n;\theta)$ 可知，蒙特卡洛算法所涉及的因素主要有

(1) 观测样本 $x_1,x_2,\cdots,x_n$，包括观测量 n；

(2) 观测样本服从的随机分布的概率密度函数 $f(x;\theta)$ 的参数 θ；

(3) 关系模型建立的不同,也会对近似目标值 $\hat{y}$ 产生影响.

4. 蒙特卡洛算法关系规则

(1) 观测样本 $x_i(i=1,2,\cdots,n)$ 需要服从随机分布的概率密度函数 $f(x;\theta)$;

(2) 由大数定律可知,当观测量 n 足够大时,关系函数 $\hat{y}=g(x_1,x_2,\cdots,x_n;\theta)$ 逼近真实值 y.

5. 蒙特卡洛算法技术验证

通过随机数发生器的多次生成数据代替样本数据的采集,根据关系规则计算目标指标值.若在给定观测量的条件下,目标指标值的误差较小,则代表模型效果好;反之,要重新调整模型参数或者增加观测量.

6. 蒙特卡洛算法技术预测

当误差小于容许误差时,得到的模型为可靠模型,可以推广应用.

3.1.2　蒙特卡洛算法应用

下面利用蒙特卡洛算法计算圆周率的近似值.

1. 问题场景

如图3.1所示,观测样本 $z_1,z_2,\cdots,z_n$ 且 $z_i=(x_i,y_i)(i=1,2,\cdots,n)$ 取自区域 $D=\{(x,y)\mid 0\leqslant x\leqslant 2,0\leqslant y\leqslant 2\}$ 上的均匀分布,概率密度函数为 $h(x,y;\theta)$,其中 $\theta=(0,2,0,2)$.根据观测样本 $z_1,z_2,\cdots,z_n$ 建立区域 D 内圆形区域 C 近似面积 pi 与观测样本发生频率的关系模型 $\mathrm{pi}=f(z_1,z_2,\cdots,z_n;\theta)$.

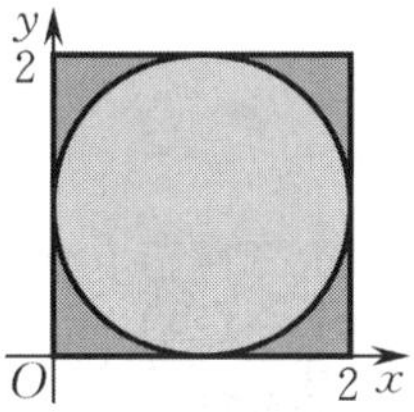

图3.1　问题场景

2. 问题目标

由于 $z_i(i=1,2,\cdots,n)$ 随机分布在区域 D 和区域 C 中,因此当观测量 n 足够大时,可用观测点落入区域 D 和区域 C 的频数之比近似于它们的面积之比.因 $C\subseteq D$,故设观测样本落入区域 D 的频数为 n,于是

$$\frac{\mathrm{pi}}{S_D}=\frac{\sum_{i=1}^{n}\{|z_i-(1,1)|\leqslant 1\}}{n},\tag{3.2}$$

即

$$\mathrm{pi}=f(z_1,z_2,\cdots,z_n;\theta)=S_D\cdot\frac{\sum_{i=1}^{n}\{|z_i-(1,1)|\leqslant 1\}}{n}.\tag{3.3}$$

由此建立了观测样本 $z_1,z_2,\cdots,z_n$ 与区域 C 近似面积 pi 之间的关系模型.

3. 问题因素

由关系模型 $\mathrm{pi}=f(z_1,z_2,\cdots,z_n;\theta)$ 可知,算法所涉及的因素主要有

(1) 观测样本 $z_1,z_2,\cdots,z_n$,包括观测量 n;

(2) 观测样本服从的随机分布的概率密度函数 $h(x,y;\theta)$ 的参数 $\theta=(0,2,0,2)$;

(3) 建立的目标-频率模型结构 $\mathrm{pi}=f(z_1,z_2,\cdots,z_n;\theta)$.

4. 问题关系规则

(1) 观测样本 $z_1,z_2,\cdots,z_n$ 服从均匀分布的概率密度函数 $h(x,y;\theta)$,其中

$$h(x,y;\theta)=\begin{cases}\dfrac{1}{4}, & 0\leqslant x,y\leqslant 2,\\ 0, & 其他.\end{cases}$$

(2) 区域 C 的近似面积为

$$\mathrm{pi}=S_D\cdot\frac{\sum\limits_{i=1}^{n}\{|z_i-(1,1)|\leqslant 1\}}{n}. \tag{3.4}$$

随着观测量 n 的增加，pi 逐渐向真实值 π 逼近.

如图 3.2 所示，使用 MATLAB 在区域 D 内随机产生 30 000 个点，其中有 23 552 个点落在区域 C 内，则

$$\mathrm{pi}=4\times\frac{23\ 552}{30\ 000}\approx 3.140\ 27\approx\pi.$$

蒙特卡洛算法实例

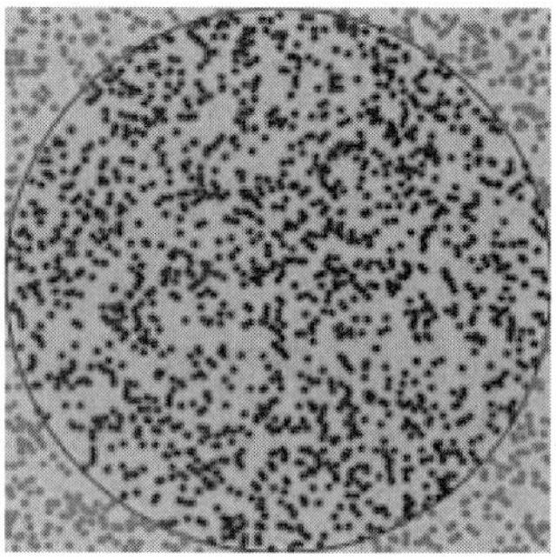

图 3.2　随机试验结果

5. 问题技术验证

进行多次重复抽样试验，误差在 0.02% ~ 0.07%，模型结果有较强的稳定性.

6. 问题技术预测

模型误差小于容许误差，是一个可靠的模型，可以推广应用.

§3.2　数据处理算法

3.2.1　曲线拟合

曲线拟合是一种将若干离散数据(通常由抽样、试验获得)，通过数学方法，用一个连续函数曲线来近似表达的算法. 该曲线与已知离散数据按某种度量应尽可能地小，这样得到的曲线称为拟合曲线. 拟合曲线不一定要与离散数据完全吻合，只需在所有点处的某种度量之和最小即可.

曲线拟合的主要步骤如下：

(1) 获得一组离散数据集序列;

(2) 构建合适的曲线拟合模型及参数,如对数函数拟合、指数函数拟合;

(3) 优化模型参数,使得各个离散数据拟合值与观测值的某种范数之和最小.

为了简化表述,下面将以一元函数拟合为例(见图 3.3),多元函数拟合可以此类推.

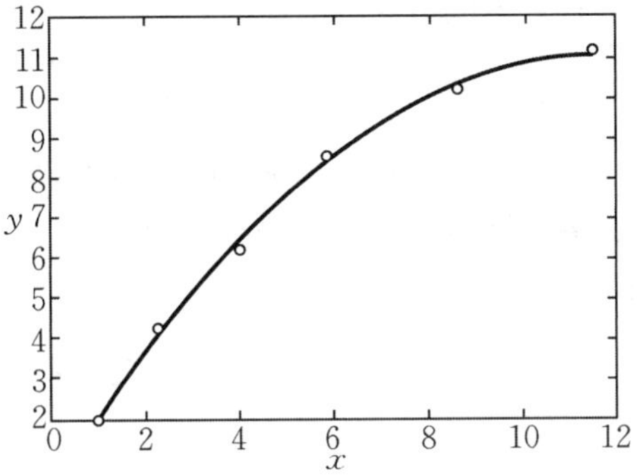

图 3.3　一元函数拟合结果

1. 曲线拟合场景

(1) 已知离散数据集序列$(x_i,y_i)(i=1,2,\cdots,n)$,其中 x 为自变量,y 为因变量.

(2) 需要建立曲线拟合模型 $\hat{y}=f(x;\theta)$,其中 $\hat{y}$ 为拟合因变量,x 为连续型的自变量,θ 为模型参数. 曲线拟合模型的类别不同,参数 θ 的结构也会发生相应变化. 例如,进行指数函数曲线拟合时,曲线拟合模型为 $\hat{y}=a\mathrm{e}^{bx}$,此时 $\theta=(a,b)$.

2. 曲线拟合目标

建立曲线拟合模型 $\hat{y}=f(x;\theta)$,且满足在离散数据点$(x_i,y_i)(i=1,2,\cdots,n)$上,$\hat{y}_i$ 与 y_i 的范数之和 $\sigma=\sum\limits_{i=1}^{n}\|y_i-f(x_i;\theta)\|$ 最小.

3. 曲线拟合因素

由曲线拟合模型 $\hat{y}=f(x;\theta)$ 可知,所涉及的因素主要有

(1) 离散数据集序列$(x_i,y_i)(i=1,2,\cdots,n)$,包括离散数据量 n;

(2) 曲线拟合模型类型和参数 θ(需要根据具体离散数据特征选择合适的曲线拟合模型类型及参数).

4. 曲线拟合关系规则

参数 θ 的优化为需要 θ 能够最小化范数,即

$$\theta=\arg\min_{\theta}\sum_{i=1}^{n}\|y_i-f(x_i;\theta)\|.$$

5. 曲线拟合技术验证

若范数之和 $\sigma=\sum\limits_{i=1}^{n}\|y_i-f(x_i;\theta)\|$ 小于范数阈值 ε,则证明拟合效果好;反之,要重新调整模型参数或者改变拟合方式.

6. 曲线拟合技术预测

模型误差小于容许误差,是一个可靠的模型,可以推广应用.

3.2.2 插值

插值与曲线拟合类似，也是基于离散数据的函数近似计算方法，即通过在离散数据的基础上补插连续函数，使得近似连续曲线通过全部给定的离散数据点. 但与曲线拟合不同的是，插值函数曲线必须经过所有的数据点(要满足插值条件)，即预测值与实际值的范数之和为 0.

插值近似计算的主要步骤如下：

(1) 获得一组离散数据集序列；

(2) 构建合适的插值函数及参数，如拉格朗日插值、三角函数插值等；

(3) 优化插值函数参数，使得在数据点处插值函数满足预测值与实际值的范数之和为 0.

图 3.4 所示为一组离散数据集的插值结果示例.

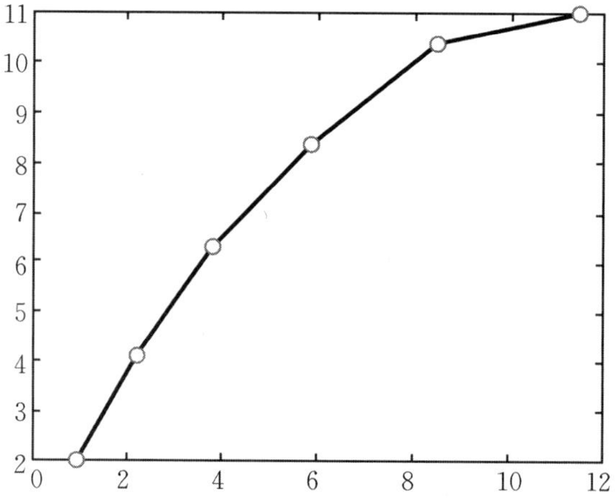

图 3.4　插值结果

1. 插值场景

(1) 已知离散数据集序列$(x_i, y_i)(i = 1,2,\cdots,n)$，其中 x 为自变量，y 为因变量.

(2) 需要建立插值模型 $\hat{y} = P(x;\theta)$，其中 $\hat{y}$ 为模型因变量的预测值，x 为连续型的自变量，θ 为模型参数. 插值模型的类别不同，参数 θ 的结构也会发生相应变化. 例如，使用拉格朗日插值时，插值模型为

$$\hat{y} = P(x;\theta) = a_k x^k + a_{k-1} x^{k-1} + \cdots + a_0,$$

此时 $\theta = (a_k, a_{k-1}, \cdots, a_0)$.

2. 插值目标

建立离散数据集序列$(x_i, y_i)(i = 1,2,\cdots,n)$ 的插值模型 $\hat{y} = P(x;\theta)$，且插值函数曲线必定经过离散数据点(x_i, y_i)，即

$$\hat{y}_i = y_i = P(x_i;\theta).$$

3. 插值因素

由插值模型 $\hat{y} = P(x;\theta)$ 可知，所涉及的因素主要有

(1) 离散数据集序数$(x_i, y_i)(i = 1,2,\cdots,n)$；

(2) 插值模型和参数 θ(需要根据具体离散数据特征选择合适的插值方法).

4. 插值关系规则

参数 θ 的选择要求为 $P(x_i;\theta)$ 必经过离散数据点，即

$$\theta = \arg_{\theta}(y_i = P(x_i;\theta)). \tag{3.5}$$

5. 插值技术验证

对一个已知的连续函数 $y = g(x)$ 抽样得到一系列离散点 $(x_i, y_i)(i = 1,2,\cdots,n)$，对离散点 (x_i, y_i) 运用插值方法，得到插值函数 $h(x;\theta)$. 将离散点观测值 y_i 与插值函数近似值 $h(x_i;\theta)$ 进行范数差值分析：

$$\delta_i = \| y_i - h(x_i;\theta) \|^2 \quad (i = 1,2,\cdots,n). \tag{3.6}$$

若 $\max \delta_i \leqslant \varepsilon$（$\varepsilon$ 为误差阈值），则证明插值效果好；反之，要重新调整模型参数或更换插值方法.

数据处理算法实例

6. 插值技术预测

在确保插值模型的可靠性后，可以使用插值函数对离散点区间 $[x_i, x_{i+1}](i = 1,2,\cdots,n-1)$ 内任意一点进行结果预测.

§3.3 线性规划算法

3.3.1 线性规划算法原理

线性规划是一种在多个线性约束条件下，求解线性目标函数最优值、最优解的过程. 线性规划包含决策变量、目标函数、约束条件三个要素，在线性规划过程中多个约束条件构成线性规划的可行域.

线性规划算法的主要步骤如下：

(1) 获得决策变量、目标函数、约束条件；

(2) 根据约束条件表示出可行域；

(3) 在可行域内求目标函数的最优值、最优解.

由约束条件表示可行域的示例如图 3.5 所示.

1. 线性规划场景

(1) 决策变量为 $x_1, x_2, \cdots, x_n$，目标函数为 $z = f(x_1, x_2, \cdots, x_n)$，约束条件为 $\mathrm{st}_i(x_1, x_2, \cdots, x_n) \leqslant 0(i = 1,2,\cdots,m)$.

(2) 根据约束条件 $\mathrm{st}_i(x_1, x_2, \cdots, x_n) \leqslant 0(i = 1,2,\cdots,m)$，可以得到 $x_1, x_2, \cdots, x_n$ 的可行域 D.

(3) 最小化目标函数 $\min z = \min f(x_1, x_2, \cdots, x_n)$，其中 $(x_1, x_2, \cdots, x_n) \in D$. 当目标函数 z 取最小值时，决策变量解记为 $\hat{x}$.

特别地，可通过在目标函数前添加负号，将最小化问题转化为最大化问题.

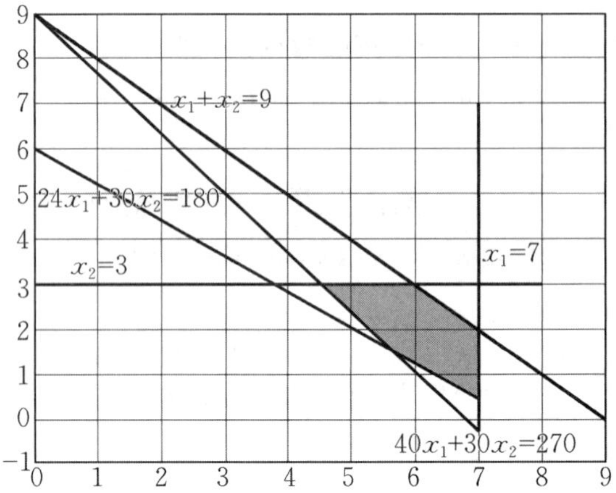

图 3.5　由约束条件表示可行域

2. 线性规划目标

在可行域 D 中找到最小目标函数值 $\min z$ 以及对应的决策变量解 $\hat{x}$.

3. 线性规划因素

可行域 D 的范围,即约束条件 $\mathrm{st}_i(x_1,x_2,\cdots,x_n)\leqslant 0(i=1,2,\cdots,m)$.

4. 线性规划关系规则

(1) 任何决策变量 $x_1,x_2,\cdots,x_n$ 的取值都需要满足$(x_1,x_2,\cdots,x_n)\in D$.

(2) 对于任何$(x_1,x_2,\cdots,x_n)\in D$,总有 $f(x_1,x_2,\cdots,x_n)\geqslant f(\hat{x})$.

5. 线性规划技术验证

在决策变量 $x_1,x_2,\cdots,x_n$ 中,若不存在使得目标函数值比 $M=f(\hat{x})$ 还小的 x,则可验证 M 为最优值,否则 M 不是最优值.

6. 线性规划技术预测

决策变量取值落在可行域内,则说明模型是一个可以反映 x 与 y 关系的模型,是一个可靠的模型,可以推广应用.

3.3.2　线性规划算法应用

某企业生产甲、乙两种产品,已知生产每吨甲产品要用 A 原料 3 吨,B 原料 2 吨;生产每吨乙产品要用 A 原料 1 吨,B 原料 3 吨. 销售每吨甲产品可获得利润 5 万元,销售每吨乙产品可获得利润 3 万元. 该企业在一个生产周期内消耗 A 原料不超过 13 吨,B 原料不超过 18 吨. 问:在一个生产周期内该企业生产甲、乙两种产品各多少吨可获得最大利润,最大利润是多少?

1. 问题场景

设该企业生产甲产品 x 吨,乙产品 y 吨,企业可获得利润(单位:万元)为

$$z=5x+3y,$$

且 x,y 满足以下约束条件:

$$x,y\geqslant 0,\tag{3.7}$$

$$\boldsymbol{AX}\leqslant\boldsymbol{B},\tag{3.8}$$

其中

$$A=\begin{pmatrix}3&1\\2&3\end{pmatrix},\quad X=\begin{pmatrix}x\\y\end{pmatrix},\quad B=\begin{pmatrix}13\\18\end{pmatrix}.$$

2. 问题目标

依据问题,可知目标为最大化利润,即求解 $\max z=5x+3y$.

3. 问题因素

x,y 的可行域为问题的主要因素,可行域如图 3.6 所示.

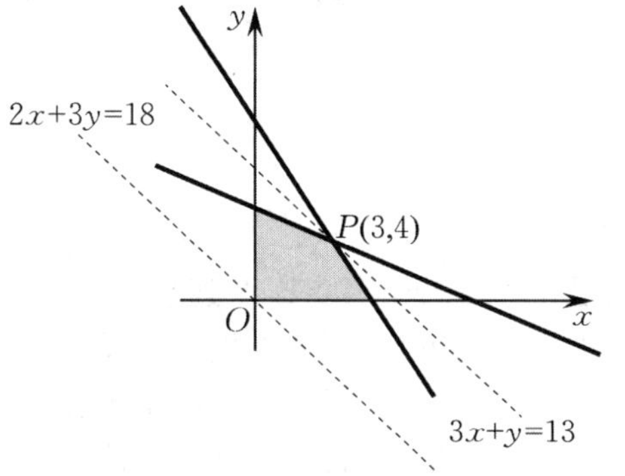

图 3.6　x,y 的可行域

4. 问题关系规则

(1) x,y 需满足以下约束条件:

$$x,y\geqslant 0,$$
$$AX\leqslant B,$$

其中

$$A=\begin{pmatrix}3&1\\2&3\end{pmatrix},\quad X=\begin{pmatrix}x\\y\end{pmatrix},\quad B=\begin{pmatrix}13\\18\end{pmatrix}.$$

(2) 对于任何满足约束条件的 x,y,都有 $z(x,y)\leqslant \max z$.

根据关系规则,可以对 $\max z$ 进行求解.

函数 $z=5x+3y$ 可化为 $y=-\frac{5}{3}x+\frac{1}{3}z$,由图 3.6 可知,平移直线 $y=-\frac{5}{3}x$,当该直线经过直线 $2x+3y=18$ 与 $3x+y=13$ 的交点时 z 取最大值. 因此,联立方程

$$\begin{cases}3x+y=13,\\2x+3y=18,\end{cases}$$

解得

$$\begin{cases}x=3,\\y=4.\end{cases}$$

线性规划算法实例

于是 $z_{\max}=5\times3+3\times4=27$.

5. 问题技术验证

根据问题,对 x,y 进行不同的取值,观察其是否落在可行域内,若全都落在可行域内,则模型可用.

6. 问题技术预测

若取值落在可行域内,则说明模型是一个可以反映 x 与 y 关系的模型,是一个可靠的模型,可以推广应用,以此计算利润 z 的值.

§3.4 图论算法

3.4.1 图论算法原理

图论以图为研究对象.图是一种由若干节点以及连接节点之间的边所构成的图形,通常用来描述事物之间的某种关系,用点代表事物,用连接两点的边表示相应两个事物间具有这种关系.很多关系问题都可以转化为图论问题,然后用图论的基本算法加以解决.

下面主要以最短路径算法为例.在最短路径问题中,图论算法的主要步骤如下:

(1) 建立路径图结构;

(2) 选定源节点;

(3) 优化路径,使得源节点到各节点的路径最短.

1. 图论场景

(1) 已知路径图节点集合 $A=\{a_0,a_1,a_2,\cdots,a_{n-1}\}$,节点 a_i 到 a_j 的边 c_{ij} 的权重为 $w_{ij}(i,j=0,1,2,\cdots,n-1)$,所有边构成的集合为 E.若 $c_{ij}\in E$,则权重为 w_{ij},反之权重为 ∞.图 3.7 所示为一个有向路径图,边上的单向箭头代表只存在边 c_{ij} 而不存在边 c_{ji}.若节点间用线段连接,则是无向路径图,代表 c_{ij} 与 c_{ji} 都存在且权重相等.

(2) 最短路径集合 $D_0=\{(k_i,d_i)\}(i=1,2,\cdots,n-1)$,表示以给定的源节点 $a_0\in A$ 为起点,到路径图 $V=(A,E)$ 中的每个节点 a_i 的最短路径集合.其中,路径 $k_i=[a_0,a_{\delta_1},a_{\delta_2},\cdots,a_{\delta_m},a_i]$,$a_{\delta_1},a_{\delta_2},\cdots,a_{\delta_m}$ 为路径的中间节点,路径长度 $d_i=c_{0\delta_1}+c_{\delta_1\delta_2}+\cdots+c_{\delta_m i}$.

有向路径图示例如图 3.7 所示.

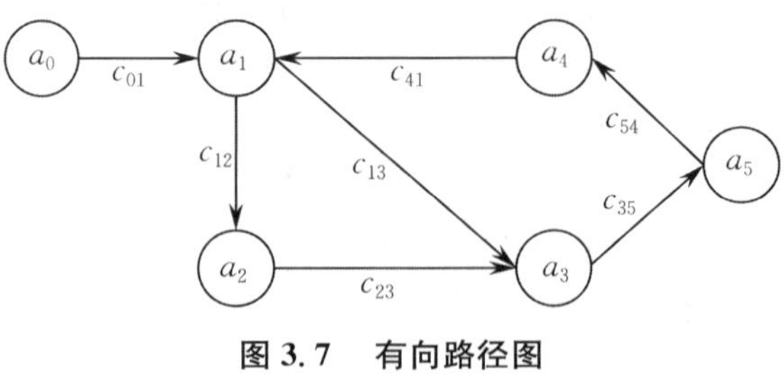

图 3.7　有向路径图

2. 图论目标

找到从给定的源节点 $a_0\in A$ 到路径图中的每个节点的最短路径集合 $D_0=\{(k_i,d_i)\}(i=1,2,\cdots,n-1)$.

3. 图论因素

影响最短路径算法的因素主要有

(1) 选取路径 k_i;

(2) 路径长度 d_i.

4. 图论关系规则

对于所有从源节点 a_0 到节点 a_i 的路径,其路径长度都要大于或等于源节点 a_0 到节点 a_i 的当前最短路径长度. 若路径长度小于当前最短路径长度,则将该路径作为新的从源节点 a_0 到节点 a_i 的最短路径.

5. 图论技术验证

遍历搜索该路径图中源节点 a_0 到各个节点的路径长度,若对于任何节点连接方式,其路径长度都要大于或等于算法获得的最短路径长度,则证明算法的可信度高.

6. 图论技术预测

当算法拥有较高的可信度时,可以将算法推广应用到具有类似结构的路径图中,寻找最短路径.

3.4.2　图论算法应用

下面以迪杰斯特拉算法求解一个最短路径问题. 对于如图 3.8 所示的无向路径图,问:能否找到一组路径,使得源节点 D 到其他各节点的距离之和最短?

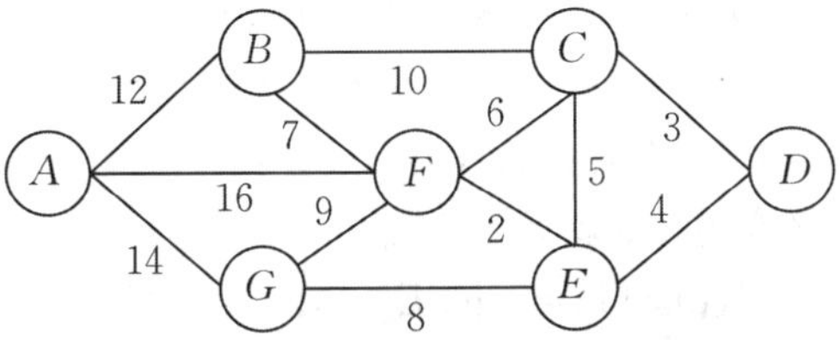

图 3.8　迪杰斯特拉算法求解路径图

1. 问题场景

(1) 已知路径图节点集合为$\{A,B,\cdots,G\}$,记边长权重为 c_{ij},其中 i,j 的取值为 $A,B,\cdots,G$. 关系矩阵如图 3.9 所示.

c_{ij}	A	B	C	D	E	F	G
A	0	12	∞	∞	∞	16	14
B	12	0	10	∞	∞	7	∞
C	∞	10	0	3	5	6	∞
D	∞	∞	3	0	4	∞	∞
E	∞	∞	5	4	0	2	8
F	16	7	6	∞	2	0	9
G	14	∞	∞	∞	8	9	0

图 3.9　路径图关系矩阵

(2) 最短路径方案{S,dis},S 用来表示已经找到的最短路径,dis[i] 代表源节点 D 到节点 i

的最短路径长度.

2. 问题目标

找到源节点到各节点的最短路径方案{S,dis}.

3. 问题因素

影响最短路径算法的因素主要有

(1) 选取最短路径;

(2) 路径权重 c_{ij}.

4. 问题关系规则

对于所有从源节点 D 到节点 i 的路径,其路径长度都要大于或等于源节点 D 到节点 i 的当前最短路径长度.若路径长度小于当前最短路径长度,则将该路径作为新的从源节点 D 到节点 i 的最短路径.

最短路径算法中的迪杰斯特拉算法是基于这条关系规则制订的.迪杰斯特拉算法求解该问题的步骤如下:

(1) 初始化{S,dis},选定源节点 D. 令 $\mathrm{S}=\{D\}$,$\mathrm{dis}[i]$ 代表 D 到 i 的最短距离,因而初始 $\mathrm{dis}[C]=3$,$\mathrm{dis}[E]=4$,$\mathrm{dis}[D]=0$,其余均为 ∞,此时 $\mathrm{S}=\{D\}$. 于是,得到节点 D 到各节点路径长度的集合$\{D(0),C(3),E(4),F(*),G(*),B(*),A(*)\}$,其中 $*$ 代表未知数或无穷大,括号里面的数值代表节点 D 到该点的最短路径长度.

(2) 在(1)中,$\mathrm{dis}[C]=3$ 最小,更新 S,即 $\mathrm{S}=\{D,C\}$,此时与 C 相邻的节点有 B,E,F. 由于 $\mathrm{dis}[C-B]=10$,因此 $\mathrm{dis}[B]=\mathrm{dis}[C]+10=13$,同理 $\mathrm{dis}[F]=\mathrm{dis}[C]+\mathrm{dis}[C-F]=3+6=9$. 而对于节点 E,$\mathrm{dis}[E]=\mathrm{dis}[C]+\mathrm{dis}[C-E]=8>4$,故 $\mathrm{dis}[E]=4$ 保持不变. 于是,更新节点 D 到各节点路径长度的集合$\{D(0),C(3),E(4),F(9),G(*),B(13),A(*)\}$.

(3) 在(2)中,$\mathrm{dis}[E]=4$ 最小,更新 $\mathrm{S}=\{D,C,E\}$,此时与 E 相邻的节点有 F,G. $\mathrm{dis}[F]=\mathrm{dis}[E]+\mathrm{dis}[E-F]=4+2=6$,$\mathrm{dis}[G]=\mathrm{dis}[E]+\mathrm{dis}[E-G]=4+8=12$. 于是,更新$\{D(0),C(3),E(4),F(6),G(12),B(13),A(*)\}$.

(4) 在(3)中,$\mathrm{dis}[F]=6$ 最小,更新 $\mathrm{S}=\{D,C,E,F\}$,此时与 F 相邻的节点有 B,A,G. $\mathrm{dis}[B]=\mathrm{dis}[F]+\mathrm{dis}[F-B]=6+7=13$,$\mathrm{dis}[A]=\mathrm{dis}[F]+\mathrm{dis}[F-A]=6+16=22$,$\mathrm{dis}[G]=\mathrm{dis}[F]+\mathrm{dis}[F-G]=6+9=15>12$. 于是,更新$\{D(0),C(3),E(4),F(6),G(12),B(13),A(22)\}$.

(5) 在(4)中,$\mathrm{dis}[G]=12$ 最小,更新 $\mathrm{S}=\{D,C,E,F,G\}$,此时与 G 相邻的节点只有 A. $\mathrm{dis}[A]=\mathrm{dis}[G]+\mathrm{dis}[G-A]=12+14=26>22$. 于是,更新$\{D(0),C(3),E(4),F(6),G(12),B(13),A(22)\}$.

(6) 在(5)中,$\mathrm{dis}[B]=13$ 最小,更新 $\mathrm{S}=\{D,C,E,F,G,B\}$,此时与 B 相邻的节点只有 A. $\mathrm{dis}[A]=\mathrm{dis}[B]+\mathrm{dis}[B-A]=13+12=25>22$. 于是,更新$\{D(0),\mathrm{C}(3),E(4),F(6),G(12),B(13),A(22)\}$.

(7) 只剩下 A,直接进入集合 $\mathrm{S}=\{D,C,E,F,G,B,A\}$,此时所有节点都已经遍历结束,得到最终结果$\{D(0),C(3),E(4),F(6),G(12),B(13),A(22)\}$.

5. 问题技术验证

遍历搜索该路径图中源节点到各个节点的路径长度,若对于任何节点连接方式,其路径长度都要大于或等于迪杰斯特拉算法获得的最短路径长度，则证明算法最短路径搜索性能好.

6. 问题技术预测

在验证迪杰斯特拉算法的可信度后，将迪杰斯特拉算法推广到与图 3.8 具有相似结构的路径图中，寻找最短路径.

图论算法实例

§3.5　博弈算法

博弈论是指研究多个个体或团队之间在特定约束条件下的对局中，利用相关方的策略而实施对应策略的学科. 博弈论考虑博弈中的个体的预测行为和实际行为，并研究它们的优化策略. 表面上不同的相互作用可能表现出相似的激励结构. 博弈论就是指决策论，决策论一般有一个博弈矩阵的数据结构，博弈论需要两个以上成员参与.

下面将介绍二人零和博弈的基本场景，如图 3.10 和图 3.11 所示，其他博弈的情况可以此类推，步骤如下：

(1) 获得博弈的参与者、博弈的规则、博弈的目标；

(2) 博弈中的甲方制订决策；

(3) 乙方根据甲方的决策制订决策；

(4) 甲方根据乙方的决策，修改甲方的决策；

(5) 乙方根据甲方修改后的决策，修改乙方的决策；

……

直到博弈双方无法再对决策做出更好的修改时，博弈结束.

每行的极小值

所有行的极大值

		Ⅰ	Ⅱ	Ⅲ	Ⅳ
−1	Ⅰ	−1	−1	+2	+2
+2	Ⅱ	+4	+4	+2	+2
+1	Ⅲ	+5	+1	+5	+1
+1	Ⅳ	+5	+1	+5	+1

极大值=博弈值=+2

图 3.10　甲方基于乙方决策做决策

	Ⅰ	Ⅱ	Ⅲ	Ⅳ
Ⅰ	−1	−1	+2	+2
Ⅱ	+4	+4	+2	+2
Ⅲ	+5	+1	+5	+1
Ⅳ	+5	+1	+5	+1
	+5	+4	+5	+2

每列的极大值

所有列的极小值

极小值=博弈值=+2

图 3.11　乙方基于甲方决策做决策

1. 博弈场景

(1) 参与者为 A,B，参与博弈的利益主体选择的决策完全是基于目标制订的.

(2) 参与者 A 可选择的决策空间 $K_A=\{a_1,a_2,\cdots,a_m\}$，$a_i(i=1,2,\cdots,m)$ 为在给定博弈条件下，参与者 A 可执行的一种行动决策；同理，可定义参与者 B 可选择的决策空间 $K_B=\{b_1,b_2,\cdots,b_n\}$.

(3) 损益矩阵 $\boldsymbol{M}$ 已知. 博弈参与者做出决策后，决策损益可以用一个矩阵或框图表示，这样的矩阵或框图就叫作损益矩阵，记为

$$\boldsymbol{M}=\begin{pmatrix} q_{11} & q_{12} & \cdots & q_{1n} \\ q_{21} & q_{22} & \cdots & q_{2n} \\ \vdots & \vdots & & \vdots \\ q_{m1} & q_{m2} & \cdots & q_{mn} \end{pmatrix},$$

其中 $q_{ij}(i=1,2,\cdots,m;j=1,2,\cdots,n)$ 为参与者 A 做第 i 个决策，参与者 B 做第 j 个决策时所造成的收益(或损失)量. 损益矩阵 $\boldsymbol{M}$ 包括其他参与者的策略选择给自己带来的收益或损失，以及自己的策略选择给自己带来的收益或损失. 例如，在二人博弈中，$m=2$，$n=3$ 时，损益矩阵 $\boldsymbol{M}$ 的表述如表 3.1 所示.

表 3.1　损益矩阵 $\boldsymbol{M}$ 的表述

$\boldsymbol{M}$		K_B		
		b_1	b_2	b_3
K_A	a_1	q_{11}	q_{12}	q_{13}
	a_2	q_{21}	q_{22}	q_{23}

(4) 对于参与者 A，其追求目标为争求最大化收益 $\max q_{ij}=\boldsymbol{M}(a_i,b_j)$ 或最小化损失 $\min q_{ij}=\boldsymbol{M}(a_i,b_j)$，此时 b_j 为参数. 对于参与者 B，其追求目标为争求最大化收益 $\max q_{ij}=\boldsymbol{M}(a_i,b_j)$ 或最小化损失 $\min q_{ij}=\boldsymbol{M}(a_i,b_j)$，此时 a_i 为参数.

(5) 存在零和博弈稳定状态 w. 在零和博弈中，根据损益矩阵 $\boldsymbol{M}$，理智的参与者 A 应假设 B 会采用 A 所选择策略下的最佳策略，即行中极小值策略，因此 A 能获得的最佳值是各行极小值的极大值 $\max\limits_i \min\limits_j \boldsymbol{M}(a_i,b_j)$. 同理，参与者 B 应假设 A 会采用 B 所选择策略下的最佳策略，即列中极大值策略，因此 B 能获得的最佳值是各列极大值的极小值 $\min\limits_j \max\limits_i \boldsymbol{M}(a_i,b_j)$. 因此，对于零和博弈，总存在一个能令所有参与者都不想改换策略的稳定状态

$$w=(a_i,b_j)=\arg_{i,j}[\max_i \min_j \boldsymbol{M}(a_i,b_j)]=\min_j \max_i \boldsymbol{M}(a_i,b_j).$$

2. 博弈目标

建立博弈损益矩阵

$$\boldsymbol{M}=\begin{pmatrix} q_{11} & q_{12} & \cdots & q_{1n} \\ q_{21} & q_{22} & \cdots & q_{2n} \\ \vdots & \vdots & & \vdots \\ q_{m1} & q_{m2} & \cdots & q_{mn} \end{pmatrix},$$

得到零和博弈稳定状态

$$w=(a_i,b_j)=\arg_{i,j}[\max_i \min_j \boldsymbol{M}(a_i,b_j)]=\min_j \max_i \boldsymbol{M}(a_i,b_j).$$

3. 博弈因素

参与者 A，B 最终选择的决策 a_i，b_j 及对应损益值 q_{ij}.

4. 博弈关系规则

博弈关系规则的制订至关重要，博弈关系规则不同，博弈的决策和目标也会发生很大变化. 在二人零和博弈中的关系规则如下：

(1) 参与者数量仅限两人.

(2) 两位参与者所有的决策空间以及造成的损失或收益是透明公开的，即损益矩阵 $\boldsymbol{M}$ 已知.

(3) A 的收益或损失等于 B 的损失或收益.

5. 博弈技术验证

在损益矩阵 $\boldsymbol{M}$ 已知的情况下，先为参与者 A 提供收益最大化的决策 a_{0i}，以 a_{0i} 为前提，为参与者 B 提供收益最大化的决策 b_{0j}；再以 b_{0j} 为前提，修改参与者 A 的决策 a_{1i}，如此迭代，验证最后得到的决策(a_i, b_j) 与 w 是否一致.

6. 博弈技术预测

在保证博弈损益矩阵可靠性后，可以对参与者决策的结果进行评估.

博弈算法实例

§3.6　神经网络算法

3.6.1　神经网络算法原理

神经网络是以人的神经元原理为基础构建的一种复杂的非线性网络模型. 神经网络基本结构包含输入层、隐藏层、输出层，以数据的特征作为网络的输入层，数据的标签作为网络的输出层，并通过在网络中导入大量的标签数据，优化神经网络的参数. 优化完成的神经网络，对于标签未知的输入也能够准确预测其标签结果. 需要注意的是，神经网络具有不可解释性，其包含的大量参数很难解释理论依据.

神经网络算法的基本步骤如下：

(1) 获得训练数据的特征及标签；

(2) 选定神经网络结构，包括隐藏层深度(层数) 以及每层隐藏层神经元个数、非线性激活函数结构等；

(3) 将训练数据的特征及标签导入神经网络中，优化网络参数，得到训练好的神经网络；

(4) 将测试集导入，对神经网络训练效果进行评估.

1. 神经网络场景

(1) 网络训练集 $Z=\{z_1, z_2, \cdots, z_n\}$，其中 $z_i=(x_i, y_j)(1 \leqslant j \leqslant i \leqslant n)$，这里 x_i 为网络输入值，y_j 为网络输出值，$1 \leqslant j \leqslant i \leqslant n$ 表示标签种类总是小于或等于训练集数量. 令网络输入层为 X，输出层为 Y，隐藏层为 H.

(2) 神经网络 $Y=Net(X;\theta, \boldsymbol{w}_1, \boldsymbol{w}_2)$ 是一个基于 $Z=\{z_1, z_2, \cdots, z_n\}$ 训练的关于 x_i 与 y_j 的非线性模型，其中 θ 为隐藏层 H 中的激活函数 f 阈值，$\boldsymbol{w}_1$ 为输入层 X 与隐藏层 H 连接权重向量，$\boldsymbol{w}_2$ 为隐藏层 H 与输出层 Y 连接权重向量. 输入层 X 与输出层 Y 的神经元个数往往是固定的，而隐藏层的神经元个数可以自由指定.

(3) 激活函数 f 的作用是为网络添加非线性性质，常用的激活函数有阶跃函数、Sigmoid 函数等，如图 3.12 所示. 例如，在阶跃函数中阈值 $\theta=0$，针对大于阈值 θ 的输入才能输出 1，针对小于阈值 θ 的输入只能输出 0.

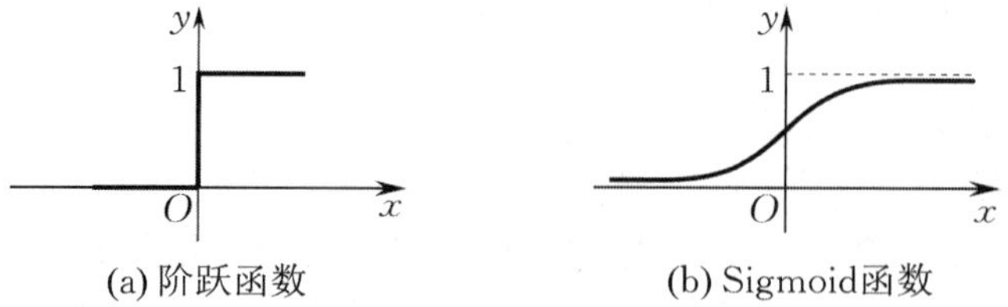

图 3.12　常用的激活函数

2. 神经网络目标

建立并训练关于 x_i 与 y_j 的非线性模型(网络)

$$Y = Net(X;\theta,\boldsymbol{w}_1,\boldsymbol{w}_2).$$

3. 神经网络因素

影响神经网络算法的因素主要有

(1) 输入层 X 及输出层 Y 的神经元个数;

(2) 隐藏层神经元的非线性激活函数 $f(z;\theta)$,θ 为激活函数阈值;

(3) 隐藏层 H 与输入层 X、输出层 Y 连接权重向量 $\boldsymbol{w}_1,\boldsymbol{w}_2$.

4. 神经网络关系规则

(1) 神经网络由输入层、隐藏层、输出层组成,且隐藏层必定包含非线性结构,一般神经网络结构如图 3.13 所示.

(2) 在隐藏层中,针对满足阈值 θ 的情况,产生不同的输出值.

(3) 输入层神经元个数等于特征个数,输出层神经元个数等于训练标签类数,神经元结构如图 3.14 所示.

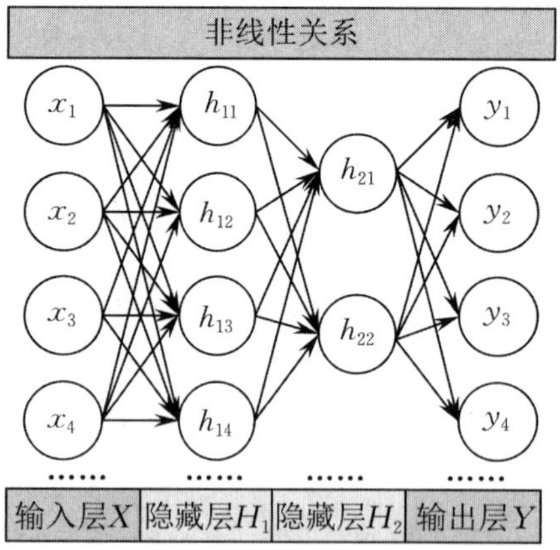

图 3.13　一般神经网络结构

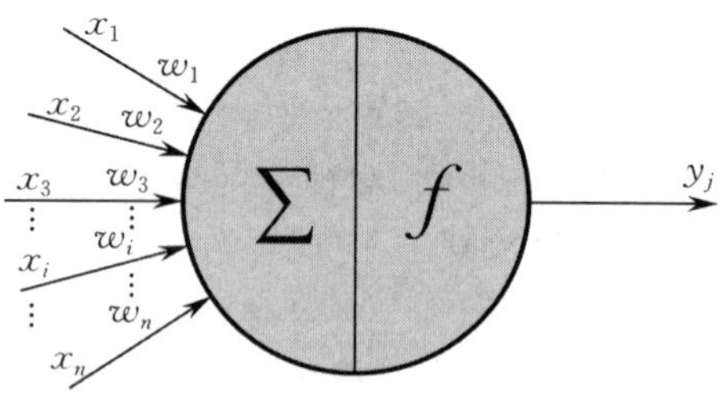

图 3.14　神经元结构

5. 神经网络技术验证

将模型应用到测试集上,若误差 $\varepsilon_0 < \varepsilon$($\varepsilon$ 为误差阈值),则代表模型效果好;反之,要通过调整训练集和测试集的切割比例、调整参数 θ 以及调整训练轮数等方式进行模型的修正.

6. 神经网络技术预测

当误差小于容许误差时,得到的模型为可靠模型,可以推广应用.

3.6.2 神经网络算法应用

如表 3.2 所示，已知有 100 个样本数据，需找出合适的 w 和 b，使得 $y=wx+b$.

表 3.2 样本数据

	1	2	3	4	5	…	100
x	0.11	0.52	0.93	0.18	0.67	…	0.51
y	0.34	0.51	0.46	0.48	0.46	…	0.53

1. 问题场景

(1) 将 100 个样本数据按 8∶2 的比例，随机标记为训练样本和测试样本，得到训练集 $Tr=\{(x_{\alpha i},y_{\alpha i})\}(0\leqslant i\leqslant 80)$ 和测试集 $Te=\{(x_{\beta j},y_{\beta j})\}(0\leqslant j\leqslant 20)$.

(2) 构建神经网络 $Net(Tr;\theta,\boldsymbol{w}_1,\boldsymbol{w}_2)$，且输入层和输出层神经元个数为 80.

(3) 激活函数 f 选用 Sigmoid 函数，表达式为

$$\mathrm{S}(x)=\frac{1}{1+\mathrm{e}^{-x}}.$$

2. 问题目标

基于训练集 Tr 得到非线性模型(网络)$Net(Tr;\theta,\boldsymbol{w}_1,\boldsymbol{w}_2)$.

3. 问题因素

影响神经网络算法的因素主要有

(1) 训练集和测试集的切割比例(将直接影响网络输入层和输出层神经元个数)；

(2) 隐藏层 H 与输入层 X、输出层 Y 连接权重向量 $\boldsymbol{w}_1,\boldsymbol{w}_2$.

4. 问题关系规则

(1) 神经网络 $Net(Tr;\theta,\boldsymbol{w}_1,\boldsymbol{w}_2)$ 由输入层、隐藏层、输出层组成，且隐藏层必定包含非线性结构.

(2) 在隐藏层中，当输入趋近于正无穷大时，Sigmoid 函数输出 1；当输入趋近于负无穷大时，Sigmoid 函数输出 0.

(3) 由于样本数据的数量不大，还不存在完全相同的标签，因此输入层神经元个数等于输出层神经元个数.

使用 Python 进行模型训练的过程如图 3.15 所示.

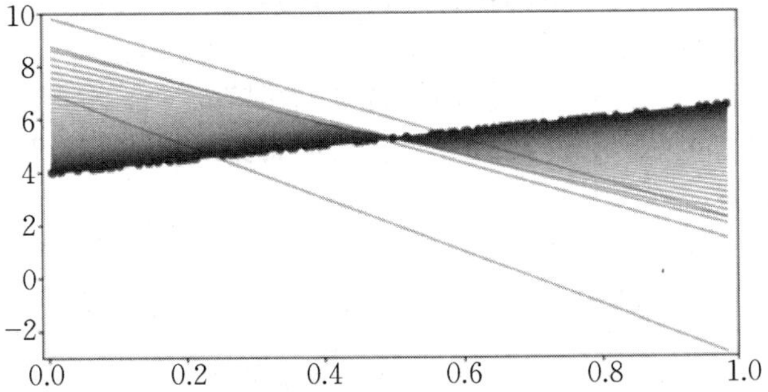

图 3.15 训练过程可视化

模型训练后，训练结果如图 3.16 所示.

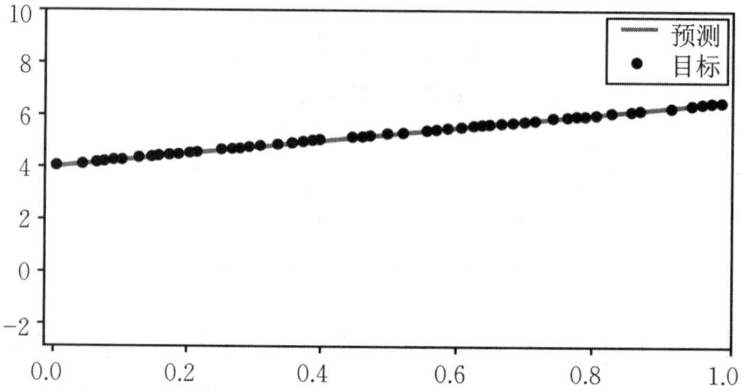

图 3.16　训练结果

模型输出 $w=2.46, b=4.02$，即模型 $\hat{y}=2.46x+4.02$.

5. 问题技术验证

将训练好的模型 $\hat{y}$ 应用到测试集数据中，计算测试集数据的误差 δ，得到 $\delta=0.000\,135$，模型有较强的收敛性.

6. 问题技术预测

模型误差 $\delta=0.000\,135$ 小于容许误差，模型为可靠模型，可以推广应用于线性回归问题.

神经网络算法实例

§3.7　模糊评判算法

模糊评判是一种基于模糊数学的综合评分方法. 模糊评判算法根据模糊数学中的隶属度理论，将定性评价转变为定量评价.

对某件事物的模糊评判过程主要分为：

(1) 人工选定与事物相关的因素，因素集需要能多方面地对事物进行评判；

(2) 制订因素集的评语集，即因素的评价指标；

(3) 制订因素集权重向量，区分各因素之间的重要程度；

(4) 根据因素集和评语集，确定模糊综合判断矩阵；

(5) 根据模糊综合判断矩阵与权重向量，将因素集经模糊变换映射到评语集.

1. 模糊评判场景

(1) 因素集 $U=\{u_1, u_2, \cdots, u_n\}$，其中 $u_i (i=1,2,\cdots,n)$ 为事物的第 i 个评判因素.

(2) 评语集 $V_i=\{v_{i1}, v_{i2}, \cdots, v_{im}\}$，代表第 i 个评判因素拥有 m 个评价等级.

(3) 权重向量 $\boldsymbol{A}=(a_1, a_2, \cdots, a_n)$，代表各因素的权重，且满足 $\sum_{i=1}^{n} a_i=1$.

(4) 模糊综合判断矩阵

$$\boldsymbol{R}=\begin{pmatrix} r_{11} & r_{12} & \cdots & r_{1m} \\ r_{21} & r_{22} & \cdots & r_{2m} \\ \vdots & \vdots & & \vdots \\ r_{n1} & r_{n2} & \cdots & r_{nm} \end{pmatrix},$$

其中 r_{ij} 代表第 i 个评判因素的第 j 个评判等级的指标值，$\boldsymbol{R}$ 是一个从 U 到 V_i 的模糊关系矩阵.

(5) 根据 U，V_i，$\boldsymbol{R}$ 的关系，可以得到模糊变换 $T_{\boldsymbol{R}}:F(U)\to F(V_i)$，是一个 U 映射到 V_i 的线性空间.

2. 模糊评判目标

建立因素集与评语集间的模糊变换 $T_{\boldsymbol{R}}$，得到待评判事物的评判结果 V_0.

3. 模糊评判因素

影响模糊评判算法的因素主要有

(1) 选定的评判因素集 U，由于 U 基于经验给出，因此存在一定的不准确性；

(2) 选定的评语集 V_i，等级的划分是否合理会对综合评价产生影响；

(3) 评判因素的评语集指标 r_{ij}，因素评语的情况能直接影响评价；

(4) 权重向量 $\boldsymbol{A}$，各因素重要性的划分是否合理会对综合评价产生影响.

4. 模糊评判关系规则

(1) 权重向量 $\boldsymbol{A}$ 的元素满足 $\sum\limits_{i=1}^{n}a_i=1$.

(2) 第 $i(i=1,2,\cdots,n)$ 个因素的评判等级指标 $r_{ij}(j=1,2,\cdots,m)$ 满足 $\sum\limits_{j=1}^{m}r_{ij}=1$.

5. 模糊评判验证

对于评判结果已知的事物，将其代入评判模型中，验证得到的评判结果与已知结果是否一致.

6. 模糊评判预测

若模型验证结果拥有较高的准确率，则模型可用于事物综合评判.

模糊评判算法实例

§3.8 数值解法

计算机只能处理离散型的数据，因此需要将连续型的数据进行离散化处理，才能够进行计算机处理. 根据一定的规则对连续型数据进行区间的分类，常见的离散化采样方法有等宽法、等频法、聚类等. 当问题的理论解难以求得，甚至不可能求得时，我们可以对离散型数据进行差分、求和等操作，得到问题的数值解，并可通过调整步长，使得数值解的结果更加精确，改善计算机处理数据产生的误差和时间复杂度. 数值解法采用一系列的值来表示关系，解的表达形式为一系列离散点的值.

下面以常微分方程数值解法为例，对连续型数据离散化进行说明.

1. 连续型数据离散化场景

(1) 连续变量 x 和 y，且满足常微分方程$\frac{\mathrm{d}y}{\mathrm{d}x}=f(x,y)$.

(2) 离散化采样方法将连续变量 x 和 y 转化为离散点$(x_1,y_1),(x_2,y_2),\cdots,(x_n,y_n)$，且 $x_{i+1}-x_i=d_i$，其中 d_i 称为步长.

(3) 计算每个离散点(x_i,y_i)处的斜率 $f(x_i,y_i)$.

(4) 根据 $y_{i+1}=y_i+d_if(x_i,y_i)$，描绘出常微分方程解的曲线.

2. 连续型数据离散化目标

建立常微分方程$\frac{\mathrm{d}y}{\mathrm{d}x}=f(x,y)$的数值解的曲线

$$y_{i+1}=y_i+d_if(x_i,y_i).$$

3. 连续型数据离散化因素

影响连续型数据离散化的因素主要有

(1) 步长 d_i，调整步长可以调整数值解的精度；

(2) 连续型数据离散化的采样方法选择，采样方法选择将直接影响得到的离散型数据的质量.

4. 连续型数据离散化关系规则

常微分方程的数值解需要满足 $y_{i+1}=y_i+d_if(x_i,y_i)$.

5. 连续型数据离散化技术验证

理论解与数值解误差越小，说明常微分方程数值解效果越好；反之，需要调整步长或者更换离散化采样方法等.

6. 连续型数据离散化技术预测

对于常微分方程不可解的情况，如$\frac{\mathrm{d}y}{\mathrm{d}x}=\frac{x}{\sin x}$，可以用常微分方程的数值解来近似理论解.

数值解法实例

§3.9 数值分析算法

数值分析也称为计算数学，主要研究用计算机求解数学问题的数值计算方法及其理论与软件实现. 如果采用高级语言进行编程，那么数值分析中常用的算法(如方程组求解、矩阵运算、函数积分等)就需要额外编写库函数进行调用.

1. 数值分析场景

数值分析算法主要是面向计算机计算. 由于计算机计算时存在精度限制，因此在计算过程中会出现误差. 数值分析算法主要的非过失误差类型有模型误差、观测误差、截断误差和舍入误差，其中模型误差和观测误差并非数值分析领域内容.

2. 数值分析目标

设计一个提高计算精度和降低时间复杂度的算法 $M=f(x)$.

3. 数值分析因素

影响数值分析算法的因素主要有

(1) 精度控制，控制预测值与观测值的符合程度；

(2) 运算顺序，当数据间差异过大时，不恰当的运算顺序，可能会使计算机丢失部分数据信息，产生误差；

(3) 主元选择，形如$\frac{1}{x}$，当$x\to 0$时，x发生轻微变化会导致函数值发生剧变. 因此，对x的选择必须要在一定范围以上，以避免x的轻微误差造成函数值的巨大误差，这个范围就是主元.

4. 数值分析关系规则

以下列出数值分析算法的部分典型规则.

(1) 避免"大数"除以"小数"：解方程组

$$\begin{cases}1.00\times 10^{-5}x+1.00y=1.00,\\ 1.00x+1.00y=2.00,\end{cases}$$

因为计算机在计算时位数有限，先消x还是先消y舍入误差相差很大.

(2) 避免两个相近数相减：两个相近数相减时会造成有效数字的丢失.

(3) 防止"大数吃小数"：在用计算机计算时，计算过程中要对阶，而对阶会引起"大数吃小数"的现象，因此计算的次序会对结果产生很大的影响，即

$$100+\overbrace{0.01+0.01+\cdots+0.01}^{100个0.01}\neq\overbrace{0.01+0.01+\cdots+0.01}^{100个0.01}+100.$$

(4) 减少运算次数：多项式求值时采用秦九韶算法可以减少乘法运算次数.

5. 数值分析技术验证

对于一个已知误差ε的数值，如$A=\frac{2}{\sin 2}$，A的取值范围为$\left[\frac{2}{\sin 2}-\varepsilon,\frac{2}{\sin 2}+\varepsilon\right]$. 按照数值分析算法关系规则，对函数$\frac{x}{\sin x}$求数值近似解，得到$\frac{x}{\sin x}$在$x=2$处的数值解$\hat{A}$.

将离散点观测值A与函数近似值$\hat{A}$进行范数差值分析：

$$\delta=\|A-\hat{A}\|^2.$$

若$\delta\leqslant\varepsilon$($\varepsilon$为误差阈值)，则证明数值分析算法效果好.

数值分析算法实例

6. 数值分析技术预测

算法可靠，用于实际应用.

§3.10 数字图像处理算法

图像因其表现形式不同可以分为模拟信号图像和数字图像两类. 在模拟信号图像中，图像各位置的信息是随位置的变化而连续变化的. 在数字图像中，用离散序列表示图像，序列中每个

元素称为像素.数字图像处理是指将图像信号通过采样和量化后转换成数字信号,并利用计算机对数字信号进行处理的过程.

数字图像处理的主要步骤如下:

(1) 获得模拟信号图像;

(2) 对模拟信号图像进行等间隔采样,将图像分成均匀的网络,并生成一个对应模拟信号图像的数字矩阵,矩阵元素即为像素;

(3) 将各像素点上连续的模拟信息量化为若干个等级,作为模拟信号图像的采样值,使模拟信息离散化,得到完整的数字图像矩阵;

(4) 根据数字图像矩阵中的像素信息特征对数字图像进行分类;

(5) 对分类后的数字图像采用图像处理方法,如图像变换、图像分割、图像描述、图像识别等.

1. 数字图像处理场景

(1) 模拟信号图像 $f(x,y)$ 是一个关于图像连续水平坐标 x 和连续垂直坐标 y 的连续函数.

(2) 数字图像矩阵 $\boldsymbol{M}(f(x_i,y_j))$ 是一个网格离散坐标 $\{x_1,x_2,\cdots,x_n\}$ 和 $\{y_1,y_2,\cdots,y_m\}$ 的矩阵,网格各点的像素值为 $f(x_i,y_j)$.

(3) 根据像素值 $f(x_i,y_j)$ 的特征,图像可以分为二值图像($f(x_i,y_j)\in\{0,1\}$)、灰度图像($f(x_i,y_j)\in(0,255)$)、RGB彩色图像(一张模拟信号图像采样得到三个数字图像矩阵,且每个矩阵像素值 $f(x_i,y_j)\in(0,255)$),如图 3.17 所示.

(a) 二值图像　　(b) 灰度图像　　(c) RGB彩色图像

图 3.17　数字图像

(4) 数字图像处理算法 T,可通过 $g(x_i,y_j)=T[f(x_i,y_j)]$,将像素值映射到其他空间处理.

2. 数字图像处理目标

(1) 对模拟信号图像 $f(x,y)$ 进行采样、量化,得到数字图像矩阵 $\boldsymbol{M}(f(x_i,y_j))$.

(2) 根据像素值 $f(x_i,y_j)$ 的特征,对图像进行进一步处理.

3. 数字图像处理因素

影响数字图像处理算法的因素主要有

(1) 模拟信号图像的信息情况,若存在曝光过度、噪点失真问题,会对数字图像矩阵采样、量化过程产生影响;

(2) 数字图像矩阵采样方式、网格划分、信息等级划分,会对像素值信息产生影响.

4. 数字图像处理关系规则

(1) 数字图像矩阵 $\boldsymbol{M}$ 和模拟信号图像 $f(x,y)$ 应满足

$$M=\begin{pmatrix} f(x_1,y_1) & f(x_1,y_2) & \cdots & f(x_1,y_m) \\ f(x_2,y_1) & f(x_2,y_2) & \cdots & f(x_2,y_m) \\ \vdots & \vdots & & \vdots \\ f(x_n,y_1) & f(x_n,y_2) & \cdots & f(x_n,y_m) \end{pmatrix}.$$

(2) 离散坐标$\{x_1,x_2,\cdots,x_n\}$和$\{y_1,y_2,\cdots,y_m\}$各自的离散值间隔应相等,即

$$x_{i+1}-x_i=d_1,\quad y_{i+1}-y_i=d_2,$$

其中d_1,d_2为坐标值间隔.

(3) 像素值$f(x_i,y_j)$在不同类型图像需满足对应条件,例如,二值图像中像素值$f(x_i,y_j)\in\{0,1\}$,灰度图像中像素值$f(x_i,y_j)\in(0,255)$.

(4) 各种图像处理算法T具体需要满足的其他条件.

5. 数字图像处理技术验证

若建立的图像数字矩阵能保留绝大部分模拟信号图像的信息,且在各类数字图像处理算法中有较好的表现,则图像离散化处理效果好,反之则需要调整采样网格密度或等级指标.

6. 数字图像处理技术预测

确保图像采样、量化处理的效果后,数字图像为可靠图像,可以推广应用.

数字图像处理
算法实例

第4章 数学建模工具软件

数学模型建立后，一般都难以用人工求解，需要借助计算机数学工具软件进行求解．本章选讲 MATLAB 与 Python．

§4.1　MATLAB　入　门

MATLAB(矩阵实验室)是matrix laboratory的缩写,是一款由美国Math Works公司出品的工程与科学计算软件.它提供一种用于算法开发、数据可视化、数据分析以及数值计算的科学计算语言和交互式环境,并具有以下优势:

(1) MATLAB程序语言易学,其代码编辑、调试交互式环境比较人性化,易于初学者上手.

(2) 具有较高的开放性,MATLAB不仅提供功能丰富的内置函数供用户调用,也允许用户编写自定义函数来扩充功能.

(3) MATLAB是最常用的算法设计平台之一,具有丰富的网络资源,很多用户会根据自己的需要开发最新的算法或函数工具箱并将它们共享在互联网上.

MATLAB是一个体系庞大的应用软件,主要包括核心的MATLAB基础工具箱和各专业领域的其他工具箱.MATLAB在数据分析、数据挖掘领域具有特别优势,本书针对数据分析和数据挖掘相关的内容,采用原理与实例结合的方式来对MATLAB相关函数进行介绍.

4.1.1　MATLAB安装

本书使用的MATLAB版本为MATLAB R2014a.根据操作系统的不同,可选择安装64位或32位版本(推荐安装64位版本,64位版本可使其运行内存不受操作系统内存上限影响).MATLAB官方网站提供了试用版的下载,安装时直接运行安装包中的"setup.exe"文件即可.安装过程中可选择在线安装或离线安装两种方式,其中在线安装需要提供用户名和密码,离线安装需要提供安装序列号和许可文件.

安装好MATLAB后,双击安装目录中bin下的"matlab.exe"启动MATLAB,打开如图4.1所示的界面.

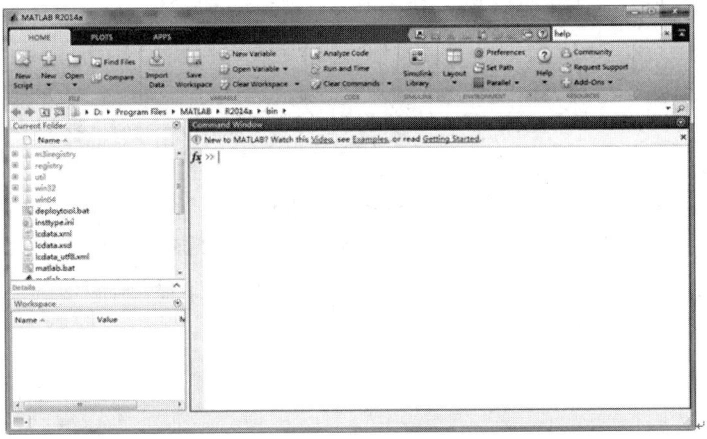

图4.1　MATLAB初始界面

4.1.2 MATLAB 操作界面

MATLAB 的界面布局可以根据使用者的需求和习惯进行调整. 通过调整工具栏中的“Layout”选项：选择“Layer”→“Default”选项，即为默认界面；选择“Layer”→“Command History”→“Docked”选项，展示“Command History”窗口，通过单击界面拖曳的方式，把常用的工作环境界面进行调整，调整后的界面如图 4.2 所示. MATLAB 的工作环境由六部分组成，包括菜单栏、工具栏、当前文件夹(Current Folder)、工作区(Workspace)、命令历史记录(Command History)和命令行窗口(Command Window).

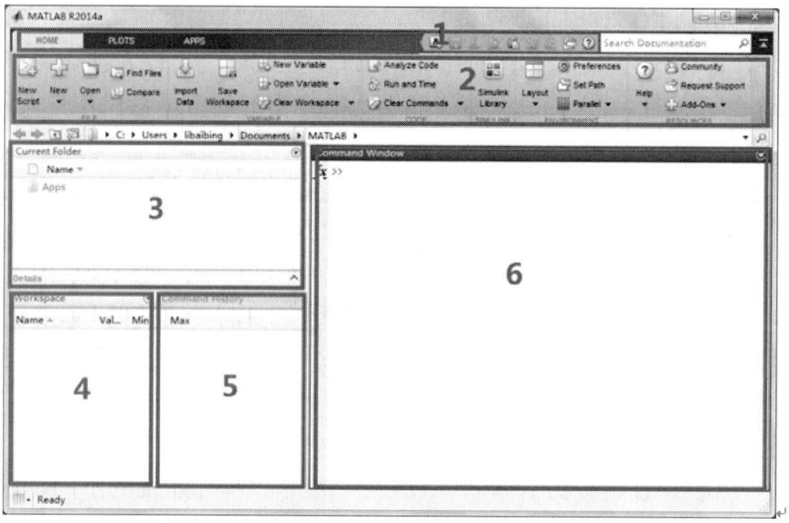

图 4.2 MATLAB **操作界面**

(1) 菜单栏：位于工作环境的最上方. 当执行不同的窗口操作时，菜单栏的内容就会发生不同的变化. 例如，打开 M 文件或一个编写好的 MATLAB 函数后，菜单栏就会增加编辑器(Editor)、发布(Publish)、视图(View)三个菜单栏选项.

(2) 工具栏：当在菜单栏中选择不同的选项时，工具栏会发生相应的变化，为用户提供便捷的操作. 例如，在主页选项中，可以进行新建、打开、查找文件等操作.

(3) 当前文件夹：用于显示当前路径下的文件. 在该窗口中可以进行显示或改变当前文件夹、显示当前目录下的文件夹、路径搜索等操作.

(4) 工作区：显示当前保存在内存中的变量的名称、数据类型、维数以及最大值和最小值. 双击工作区中的变量，能够查看其详细的取值.

(5) 命令历史记录：记录所有执行过的命令及时间，可以通过双击来重新执行某个命令.

(6) 命令行窗口：是 MATLAB 进行工作的窗口，也是实现 MATLAB 各种功能的窗口. 窗口中的“≫”是运算提示符，表示 MATLAB 处于准备编辑的状态，用户可以直接在运算提示符后输入命令语句，按[Enter]键执行.

4.1.3 MATLAB 常用命令

1. doc

功能：打开 MATLAB 帮助浏览器.

在命令行窗口输入“doc”，按[Enter]键执行，或者在MATLAB右上角单击“帮助”按钮?，都可打开帮助浏览器. 帮助浏览器是MATLAB自带的帮助系统，是学习MATLAB的一个非常有用的工具. 例如要了解plot函数，可以在帮助浏览器的搜索栏中查找plot，如图4.3所示，即可获得plot函数的使用帮助.

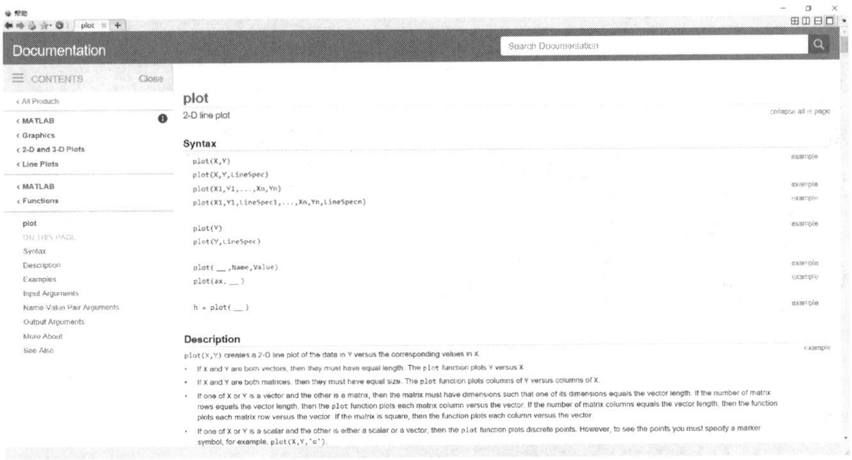

图 4.3　MATLAB 帮助浏览器

使用帮助中主要包括八部分内容：

(1) 语法(Syntax) 部分给出函数的各种调用方法；

(2) 函数说明(Description) 部分针对每种语法进行详细描述，描述函数的主要功能以及输入数据的格式等；

(3) 示例(Examples) 部分给出函数的常用示例，用户可以直接运行示例程序得到结果，得到对函数的一个直观的印象；

(4) 输入参数(Input Arguments) 部分给出输入参数的详细解释，包括输入参数的取值范围等；

(5) 名称-值对参数(Name-Value Pair Arguments) 部分给出名称-值对参数的相关设置；

(6) 输出参数(Output Arguments) 部分给出输出参数的详细描述，类似输入参数；

(7) 更多(More About) 部分给出函数相关的信息；

(8) 其他(See Also) 部分则提供与函数相关的其他函数的链接.

使用 MATLAB 的帮助系统是一种快速学习和掌握 MATLAB 的有效方法，下面以绘制一个给定时序 y 的时序图为例进行说明. MATLAB 中最基本的绘图函数是 plot，首先在帮助系统中查找 plot，查看其基本语法，找到和自己需求相关的语法，这里使用 plot(y) 即可；接下来查看该语法的详细解释，这里的 y 是一个时序向量，直接调用即可；然后编写脚本代码，运行程序，即可得到所要的时序图(当然,在查看完语法的详细解释后还可以查看其示例程序,直接拷贝其代码片段到命令行窗口执行,查看结果,这样就会不单单对 plot 函数停留在简单理解的水平上);最后针对所作的时序图,如果需要进一步进行调整,如设置标题、x 轴、y 轴等信息,还可以在其他部分中查询到相关的函数.

2. help

功能:提供 MATLAB 函数和 M 文件的在线式帮助.

在命令行窗口中输入 help plot,按[Enter]键执行,得到 MATLAB 中自带函数 plot 的帮助信息.

```
≫help plot
plot - 2 - D line plot

 This MATLAB function creates a 2 - D line plot of the data in Y versus the


… such that one of
its dimensions equals the vector length.


 plot(X,Y)
 …

plot(axes_handle,___)
h=plot(___)


Reference page for plot


See also gca,hold,legend,LineSpec,title,xlabel,xlim,ylabel,ylim


Other functions named plot
     simulink/plot,curvefit/plot,finance/plot,fixedpoint/plot,mpc/plot,
          rf/plot,wavelet/plot,simscape/simscape.logging.plot
```

help 命令首先给出 plot 函数的简单功能,接着给出其详细描述、具体使用语法、相关的函数以及其他工具箱中同样称为 plot 的函数. help 命令可以直接给出某个函数的简单用法,方便用户快速针对某个函数的使用有一个简单大体的了解.

3. clc **和** clear

功能:clc 清除命令行窗口中的所有显示内容;clear 清除 MATLAB 工作空间中的内存变量.

4. save **和** load

功能:save 将 MATLAB 工作空间中的所有变量保存到扩展名为“mat”的二进制格式文件中;load 从磁盘文件中重新调入变量内容到工作空间.

5. xlsread,xlswrite,csvread **和** csvwrite

功能:xlsread 和 csvread 读取 EXCEL 或者 CSV 文件到当前工作空间;xlswrite 和 csvwrite

把当前工作空间的数据写入 EXCEL 或者 CSV 文件中.

6. database,exec **和** fetch

功能:database 连接数据库,根据参数的不同所连接的数据库也不同;exec 执行给定的 sql 语句;fetch 获取 sql 执行的结果.

MATLAB 连接 MySQL 数据库并查询数据的示例程序如代码清单 4.1 所示.

代码清单 4.1 MATLAB **连接** MySQL **数据库并查询数据**

```
%%MySQL 数据库导入数据
clear;

%%初始化参数
sqlquery='select u.user,u.password,u.host from user u';   %查询脚本
dbname='mysql';                                            %数据库名称
username='admin';
password='admin';
host='localhost';
dpath='D:\Program Files\MySQL\Connector J 5.1.25\
      mysql-connector-java-5.1.25-bin.jar';                %MySQL 驱动路径
datafile='../tmp/user.xls';                                %数据保存路径

%%连接数据库并查询
javaaddpath(dpath);                                        %把 MySQL 驱动加入系统路径
conn=database(dbname,username,password,'Vendor','MySQL',…
          'Server',host);                                  %连接数据库
curs=exec(conn,sqlquery);                                  %执行查询
setdbprefs('DataReturnFormat','cellarray');                %设置数据格式
curs=fetch(curs);                                          %获取数据

%%保存数据
data=curs.data;                                            %获取数据
xlswrite(datafile,data);                                   %数据写入 EXCEL 文件
```

7. fopen,fscanf **和** fprintf

功能:fopen 打开一个文件,设置参数可以设置打开的权限,如读、写等;fscanf 读取文本文件数据;fprintf 将数据写入文本文件.

8. imread,imwrite **和** print

功能:imread 读取图片数据;imwrite 把图片数据写入文件;print 把画出来的图片保存到文件.

例如,现在需要对一个文件夹中所有的图片进行截取并计算其一阶矩,那么可以使用 dir 函数得到所有图片的索引,即可进行批量处理,其 MATLAB 示例程序如代码清单 4.2 所示.

代码清单 4.2　图片批量截取

```
%%图片批量截取
clear;

%%初始化参数
picdir='../data/images/';                                %图片所在文件夹
picsave='../tmp/';                                       %截取图片保存文件夹
logfile='../tmp/log.txt';                                %日志文件所在路径
momentfile='../tmp/moment.xls';                          %图片一阶矩存储路径

%%日志文件初始化
fileID=fopen(logfile,'a+');                              %以追加的方式添加日志信息
loginfo=[datestr(now)'  ''日志初始化完成'];              %日志信息
fprintf(fileID,'%s\r\n',loginfo);                        %写入日志信息

%%图片名批量获取
inputfolder=dir(picdir);
inputfolder=struct2cell(inputfolder);
inputfolder=inputfolder';
isdirs=cell2mat(inputfolder(:,4));
num=sum(isdirs==0);                                      %图片的数量
images=inputfolder(:,1);
images=images(isdirs==0);                                %图片名
%日志记录
loginfo=[datestr(now)'  ''图片所在文件夹为:'picdir…
         ',一共有'num2str(num)'个图片'];
fprintf(fileID,'%s\r\n',loginfo);

%%图片批量截取和保存
rows=size(images,1);
moment=zeros(rows,3);                                    %初始化一阶矩变量
for i=1:rows
    %日志记录
    loginfo=[datestr(now)'  ''正在处理第'num2str(i)…
             '个图片,文件名为'images{i,1}];
    fprintf(fileID,'% s\r\n',loginfo);
    imdata_i=imread([picdir images{i,1}]);               %读取图片文件
    [width,length,z]=size(imdata_i);
    subimage=imdata_i(fix(width/2)-50:fix(width/2)+50,…
                      fix(length/2)-50:fix(length/2)+50,:);  %图片截取
    imwrite(subimage,[picsave images{i,1}]);             %保存图片
    %计算截取图片一阶矩
```

```
    subimage = im2double(subimage);                    % 数据转换
    firstmoment = mean(mean(subimage));                % 一阶矩
    for j = 1:3
        moment(i,j) =  firstmoment(1,1,j);
    end
end

%% 保存数据
xlswrite(momentfile,moment);                           % 把一阶矩数据写入 EXCEL 文件
% 日志记录
loginfo = [datestr(now)'  ''阶矩数据已写入文件 '];
fprintf(fileID,'%s\r\n',loginfo);

fclose(fileID);                                        % 关闭日志文件
```

9. plot

功能:画图,可以设置参数进行定制的图像绘制.

使用代码清单 4.3 示例程序可以实现读取 EXCEL 文件的时间序列数据,然后进行定制作图.

代码清单 4.3　定制作图

```
%% 定制作图
clear;

%% 初始化参数
tsfile = '../data/time_series.xls';                    % 时间序列所在路径
tspic = '../tmp/time_series.png';                      % 时间序列图保存路径

%% 读取时间序列
[num,txt] = xlsread(tsfile);

%% 定制作图
h = figure;
set(h,'Visible','off');                                % 直接保存,不需弹框
plot(num(:,1),num(:,2),'-ok');                         % 使用"-o"连接,颜色为黑色
xlabel(txt{1,1});
ylabel(txt{1,2});
title('时间序列图');

%% 保存图片
print(h,'-dpng',tspic);
```

4.1.4 MATLAB 数据分析工具箱

MATLAB 工具箱主要包含的类别有数学、统计与优化类，信号处理与通信类，控制系统设计与分析类，图像处理与计算机视觉类，测试与测量类，计算金融类，计算生物类，并行计算类，数据库访问与报告类，MATLAB 代码生成类和 MATLAB 应用发布类. 每个类别内含有一个或者多个工具箱，例如，数学、统计与优化类主要包含统计工具箱、曲线拟合工具箱、优化工具箱、神经网络工具箱等；MATLAB 应用发布类主要包含 MATLAB 和其他语言(C，C#，Java 等) 的混合编译、编程.

本书主要介绍数据分析和数据挖掘实例相关内容，所以仅就 MATLAB 中与数据分析和数据挖掘相关的工具箱进行介绍，包含统计工具箱、曲线拟合工具箱、优化工具箱、神经网络工具箱等.

(1) 统计工具箱可以对数据进行组织、分析和建模，提供与统计分析、机器学习相关的算法及工具. 用户可以使用回归和分类分析来进行预测建模、生成随机序列(蒙特卡洛模拟)，同时使用统计分析工具可以对数据进行前期的探索研究或假设检验. 在分析多维数据时，统计工具箱提供连续特征选择、主成分分析、正规化和收缩、偏最小二乘回归分析法等工具帮助用户筛选出对模型有重要影响的变量. 该工具箱同时还提供有监督、无监督的机器学习算法，包括支持向量机、决策树、K 均值聚类、分层聚类、K 近邻聚类搜索、高斯混合、隐马尔可夫模型等.

(2) 曲线拟合工具箱提供一个图形用户界面(graphical user interface，GUI) 和各种函数调用接口供用户实现数据拟合. 使用该工具箱可以进行数据探索性分析、数据预处理、数据过程处理、比较分析候选模型和异常值过滤. 用户可以使用 MATLAB 库函数提供的线性与非线性模型或者用户自定义的方程来进行回归分析. 该工具箱也支持无参数模型，如样条变换、插值以及平滑.

(3) 优化工具箱主要提供用于在满足给定的约束条件时寻找最优解的相关函数，主要包含线性规划、混合整数线性规划、二次规划、非线性最优化、非线性最小平方问题的求解函数. 在该工具箱中，用户可以对连续型、离散型问题寻求最优解决方法，使用权衡分析法进行分析，或者在算法和应用中融合多种优化方法，从而达到较好的效果.

(4) 神经网络工具箱提供的函数以及应用可以用于复杂的、非线性系统的建模. 它不仅支持前馈监督式学习、径向基和动态网络，同时还支持组织映射及竞争层形式的非监督式学习. 利用该工具箱，用户可以设计、训练、可视化及仿真神经网络. 神经网络工具箱的应用主要包括回归、分类、聚类分析、时间序列预测和动力系统建模. 处理海量数据时，还可以考虑使用数据分布式及分布式计算功能、图形处理器功能和并行计算工具箱.

§4.2 Python 入门

Python 是一门简单易学且功能强大的编程语言. 它拥有强大的高级数据结构，并且能够用简单又高效的方式进行面向对象编程. Python 优雅的语法和动态类型，再结合它的解释性，使其成为大多数平台编写脚本或开发应用程序的理想语言.

要认识 Python，首先得明确一点，Python 是一门编程语言. 这就意味着，它原则上能够完成

MATLAB 能做的所有事情(因为大不了从头开始编写). 一方面,大多数情况下,同样功能的 Python 代码会比 MATLAB 代码更加简洁、易懂;另一方面,因为它是一门编程语言,所以它能够完成很多 MATLAB 不能做的事情,如开发网页、开发游戏、编写爬虫来采集数据等.

Python 以开发效率著称,即它致力于以最短的代码完成同一个任务. Python 通常为人诟病的是它的运行效率,而 Python 还被称为"胶水语言",它允许设计者把耗时的核心部分用 C/C++ 等更高效率的语言编写,然后由它来"黏合",这很大程度上已经解决了 Python 的运行效率问题. 事实上,在大多数数据任务上,Python 的运行效率已经可以媲美 C/C++.

本书致力于讲述用 Python 进行数据挖掘这一部分功能,而这部分功能,仅仅是 Python 强大功能中的冰山一角. 随着 NumPy,SciPy,Matplotlib,Pandas 等众多程序库的开发,Python 在科学领域占据着越来越重要的地位,包括科学计算、数学建模、数据挖掘,甚至可以预见,未来 Python 将会成为科学领域编程语言的主流. 图 4.4 和图 4.5 所示为一些编程语言的使用排行榜,可以看出 Python 越来越受欢迎.

Feb 2022	Feb 2021	Change	Programming Language	Ratings	Change
1	3	↑	Python	15.33%	+4.47%
2	1	↓	C	14.08%	-2.26%
3	2	↓	Java	12.13%	+0.84%
4	4		C++	8.01%	+1.13%
5	5		C#	5.37%	+0.93%
6	6		Visual Basic	5.23%	+0.90%
7	7		JavaScript	1.83%	-0.45%
8	8		PHP	1.79%	+0.04%
9	10	↑	Assembly language	1.60%	-0.06%
10	9	↓	SQL	1.55%	-0.18%
11	13	↑	Go	1.23%	-0.05%
12	15	↑	Swift	1.18%	+0.04%
13	11	↓	R	1.11%	-0.45%
14	16	↑	MATLAB	1.03%	-0.03%
15	17	↑	Delphi/Object Pascal	0.90%	-0.12%
16	14	↓	Ruby	0.89%	-0.35%
17	18	↑	Classic Visual Basic	0.83%	-0.18%
18	20	↑	Objective-C	0.81%	-0.08%
19	19		Perl	0.79%	-0.13%
20	12	⇊	Groovy	0.74%	-0.76%

图 4.4　2022 年 2 月的 TIOBE 编程语言排行榜(每月更新一次)

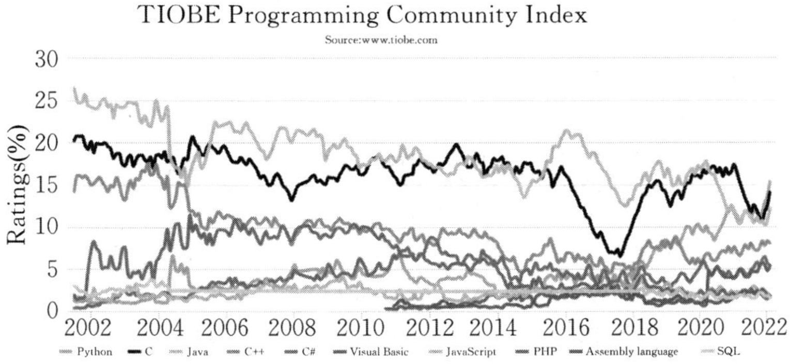

图 4.5　Top 10 编程语言 TIOBE 指数走势

4.2.1 搭建 Python 开发平台

Python 可应用于多种平台，包括 Windows，Linux 和 macOS 等操作系统，并且拥有诸多的版本，搭建 Python 开发平台时需要谨慎选择平台和对应的版本.

Python 的标识如图 4.6 所示.

图 4.6　Python 标识

搭建 Python 开发平台有以下两个问题需要考虑：

(1) 选择什么操作系统，是 Windows 还是 Linux?

(2) 选择哪个 Python 版本，是 2. x 还是 3. x?

操作系统主要是在 Windows 和 Linux 之间的选择. Python 是跨平台的语言，因此脚本可以跨平台运行，然而不同平台的运行效率不一样. 一般来说，在 Linux 下 Python 程序运行的速度会比 Windows 快，尤其是对于数据分析和数据挖掘任务. 此外，在 Linux 下搭建 Python 开发平台相对来说容易一些，很多 Linux 发行版自带了 Python 程序，并且在 Linux 下更容易解决第三方库的依赖问题. 当然，Linux 的操作门槛较高，入门的读者可以先在 Windows 中熟悉，再考虑迁移到 Linux 下.

对于 Python 版本的选择，3. x 是对 2. x 的一个较大的更新. 可以认为，Python 3. x 什么都好，就是它的部分代码不兼容 2. x 的，这使得不少好用的库都无法支持 3. x(值得庆幸的是，越来越多的主流库已经开始支持 3. x 了). 本书使用 Python 3. 8 版本，但是本书的代码尽可能地同时兼容 2. x 和 3. x，包括在各种第三方库也使用两个版本都兼容的扩展库. 因此，在阅读本书时，无须过于纠结 Python 版本的选择.

下面介绍 Python 核心程序的安装.

1. Windows

在 Windows 下安装 Python 比较容易，直接到官方网站下载相应的 msi 安装包安装即可，和一般软件的安装无异，在此不赘述. 安装包分 32 位和 64 位版本，读者可自行选择适合的版本.

2. Linux

大多数 Linux 发行版，如 CentOS，Debian，Ubuntu 等，都已经自带了 Python 2. x 的主程序，但 Python 3. x 的主程序需要自行另外安装.

3. Anaconda

安装 Python 核心程序只是第一步，为了实现更丰富的科学计算功能，还需要安装一些第三方扩展库，这对于一般的读者来说可能显得比较麻烦，尤其是在 Windows 下还可能出现各种错误. 不过现已有设计者编译好科学计算所需要的模块，然后打包成发行版形式供用户使用，Anaconda 就是其中一个常用的科学计算发行版.

Anaconda 的特点如下：

(1) 包含了众多流行的科学、数学、工程、数据分析的 Python 包.

(2) 完全开源和免费.

(3) 额外的加速、优化是收费的，但对于学术用途可以申请免费的许可证.

(4) 全平台支持，并支持 Python 2. 6，2. 7，3. 3，3. 4，3. 8，可自由切换.

因此，推荐初级读者(尤其是 Windows 下的读者) 安装此 Python 发行版，读者可在 Anaconda 官网下载安装包安装.

安装好 Python 后，只需要在 cmd 命令窗口输入“python” 即可进入 Python 环境，在 Windows 下启动 Python 的界面，如图 4.7 所示.

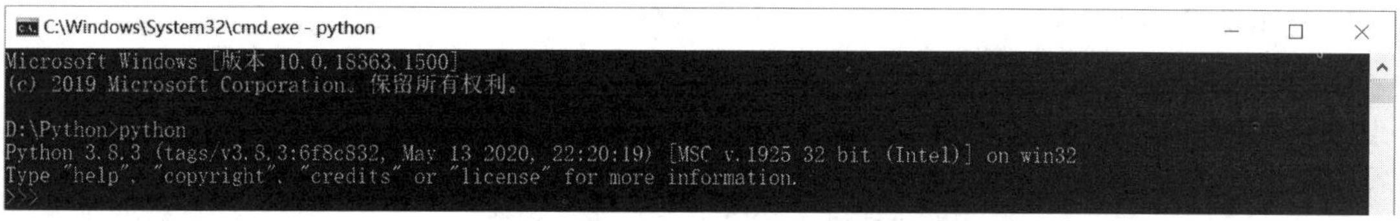

图 4.7 Python 3.8 **在** Windows **下的启动界面**

4.2.2 Python 使用入门

此处对 Python 的基本使用做一个简单的介绍，针对本书涉及的数据挖掘案例所用到的代码进行基本讲解. 有兴趣的读者可自行阅读相应的 Python 教程，进一步了解 Python.

1. 运行方式

运行 Python 代码有两种方式：一种是启动 Python，然后在命令窗口下直接输入相应的命令；另一种是将完整的代码写成. py 脚本，如 hello. py，然后在对应的路径下通过输入“python hello. py” 运行. hello. py 脚本中的代码如下：

```
#hello.py
print('Hello World!')
```

脚本的运行结果如图 4.8 所示.

图 4.8 hello. py **脚本运行结果**

在编写脚本时，可以添加适当的注释. 在每一行中，用井号“#” 来添加注释，添加单行注释的方法如下：

```
a=2+3                                #将 2+3 的结果赋值给 a
```

如果注释有多行，可以在两个“'''”(三个英文的单引号) 之间添加注释内容. 添加多行注释的方法如下：

```
a =2+3
'''
这里是 Python 的多行注释
这里是 Python 的多行注释
'''
```

如果脚本中带有中文(中文注释或者中文字符串)，那么需要在文件头注明编码，并且还要将脚本保存为 UTF－8 编码格式. 注明编码的方法如下：

```
#-*-coding:utf-8-*-
print('世界,你好!')
```

2. 基本命令

(1) 基本运算.

认识 Python 的第一步,是可以把它当作一个方便的计算器来看待. 读者可以打开 Python,试着输入代码清单 4.4 所示的命令.

代码清单 4.4　Python 基本运算

```
a =2
a*2
a**2
```

代码清单 4.4 所示的命令是 Python 的几个基本运算:第一个是赋值运算,第二个是乘法运算,第三个是幂运算(a^2),这些基本上是所有编程语言通用的. 不过 Python 支持多重赋值,方法如下:

```
a,b,c=2,3,4
```

这句多重赋值命令相当于如下命令:

```
a=2
b=3
c=4
```

Python 支持对字符串的灵活操作,如代码清单 4.5 所示.

代码清单 4.5　Python 字符串操作

```
s ='I like python'
s+'very much'              #将 s 与 'very much' 拼接,得到 'I like python very much'
s.split('')                #将 s 以空格分割,得到列表['I','like','python']
```

(2) 判断与循环.

显然,判断与循环是所有编程语言的基本命令,Python 的判断语句格式如下:

if 条件 1:

语句 1

elif 条件 2:

语句 2

else:

语句 3

需要特别指出的是,Python 一般不用花括号"{}",也没有 end 语句,它用缩进对齐作为语句的层次标记. 同一层次的缩进量要一一对应,否则会报错. 一个错误的缩进示例如代码清单 4.6 所示.

代码清单 4.6　错误的缩进

```
if a==1:
  print(a)              #缩进两个空格
else:
   print('a 不等于 1')    #缩进三个空格
```

虽然在 PyCharm 中上述代码仍可以运行，但不管是哪种语言，正确的缩进都是一个优雅的编程习惯. 因此，建议设计者还是要保证同一层次的缩进量一一对应.

Python 的循环也相应地有 while 循环和 for 循环.

while 循环如代码清单 4.7 所示.

代码清单 4.7 while 循环

```
s,k=0,0
while k<101:                            #该循环过程是求 1+2+3+…+100
    k=k+1
    s=s+k
print(s)
```

for 循环如代码清单 4.8 所示.

代码清单 4.8 for 循环

```
s =0
for k in range(101):                    #该循环过程也是求 1+2+3+…+100
    s=s+k
print(s)
```

这里可以看到 in 和 range 的语法. in 用来判断一个元素是否在列表或元组中；range 用来生成连续的序列，一般语法为 range(a,b,c)，表示以 a 为首项、c 为公差且不超过 b−1 的等差数列. 使用 range 生成等差数列如代码清单 4.9 所示.

代码清单 4.9 使用 range 生成等差数列

```
s =0
if s in range(4):
    print('s在0,1,2,3中)
if s not in range(1,4,1):
    print('s不在1,2,3中)
```

(3) 函数.

Python 用 def 来自定义函数，如代码清单 4.10 所示.

代码清单 4.10 自定义函数

```
def add1(x):
    return x+2
print(add1(1))                          #输出结果为 3
```

与一般编程语言不同的是，Python 的函数返回值可以是各种形式，如返回列表、返回多个值，如代码清单 4.11 所示.

代码清单 4.11 返回列表和返回多个值的自定义函数

```
def add2(x=0,y=0):      #定义函数,同时定义参数的默认值
    return[x+2,y+2]     #返回值是一个列表
def add3(x,y):
    return x+3,y+3      #双重返回
a,b=add3(1,2)           #此时 a=4,b=5
```

像定义 add2 这类简单的函数，用 def 来正式地写个命名、计算和返回显得稍微烦琐，Python 支持用 lambda 对简单的功能定义“行内函数”，这有点像 MATLAB 中的“匿名函数”，如代码清单 4.12 所示.

代码清单 4.12　使用 lambda 定义函数

```
f = lambda x:x+2            # 定义函数 f(x) = x+2
g = lambda x,y:x+y          # 定义函数 g(x,y) = x+y
```

3. 数据结构

Python 有四个内建的数据结构：List（列表）、Tuple（元组）、Dictionary（字典）和 Set（集合），可以统称为容器. 因为它们实际上是一些“东西”组合而成的结构，而这些“东西”可以是数字、字符，甚至是列表，或者是它们之间几种的组合. 通俗地讲，容器可包括任意元素，且容器里的元素类型不要求相同.

（1）列表与元组.

列表与元组都是序列结构，它们本身很相似，但又有一些不同点.

① 从外形上看，列表是用方括号标记的，如 a = [1,2,3]；而元组是用圆括号标记的，如 b = (4,5,6). 访问列表和元组中元素的方式都是一样的，如 a[0] 等于 1，b[2] 等于 6. 根据容器的结构，如下定义也成立：

```
c = [1,'abc',[1,2]]
'''
c 是一个列表,列表的第一个元素是整型 1,第二个元素是字符串 'abc',第三个元素是列表 [1,2]
'''
```

② 从功能上看，列表可以修改，而元组不可以. 例如，对于列表 a = [1,2,3]，语句 a[0] = 0 会将列表 a 修改为[0,2,3]. 对于元组 b = (4,5,6)，语句 b[0] = 1 会报错. 要注意的是，如果已经定义了一个列表 a，同时想复制 a，命名为变量 b，那么语句 b = a 是无效的，这时 b 仅仅是 a 的别名（或者说引用），修改 b 也会修改 a，正确的复制方法应该是语句 b = a[:].

跟列表有关的函数是 list，跟元组有关的函数是 tuple，它们的用法和功能几乎一样，都是将某个对象转换为列表或元组，例如，list('ab') 的结果是['a','b']，tuple([1,2]) 的结果是 (1,2). 一些常见的与列表或元组相关的函数如表 4.1 所示.

表 4.1　与列表或元组相关的函数

函数	功能	函数	功能
cmp(a,b)	比较两个列表或元组的元素	min(a)	返回列表或元组元素最小值
len(a)	列表或元组元素个数	sum(a)	将列表或元组中的元素求和
max(a)	返回列表或元组元素最大值	sorted(a)	对列表或元组的元素进行升序排序

作为对象，列表本身自带了很多实用的方法（元组不允许修改，因此方法很少），如表 4.2 所示.

表 4.2 列表相关的方法

方法	功能
a.append(1)	将 1 添加到列表 a 的末尾
a.count(1)	统计列表 a 中元素 1 出现的次数
a.extend([1,2])	将列表[1,2]的内容添加到列表 a 的末尾
a.index(1)	从列表 a 中找出第一个 1 的索引位置
a.insert(2,1)	将 1 插入列表 a 的索引为 2 的位置
a.pop(1)	移除列表 a 中索引为 1 的元素

另外,“列表解析”这一功能可以简化对列表内元素逐一进行操作的代码.

例如,使用 append 函数对列表元素进行操作,如代码清单 4.13 所示.

代码清单 4.13 使用 append 函数对列表元素进行操作

```
a=[1,2,3]
b=[]
for i in a:
    b.append(i+2)
```

使用列表解析进行简化,如代码清单 4.14 所示.

代码清单 4.14 使用列表解析进行简化

```
a=[1,2,3]
b=[i+2 for i in a]
```

这样的语法方便且直观,这充分体现了 Python 语言的人性化.

(2) 字典.

特别地,Python 引入了“自编”这一概念.从数学上来讲,它实际上是一个映射.通俗来讲,它相当于一个列表,但它的“下标”不再是以 0 开头的数字,而是自定义的“键”.

创建一个字典的基本方法如下:

```
d={'today':20,'tomorrow':30}
```

这里的 'today' 和 'tomorrow' 就是字典的键,它在整个字典中必须是唯一的,而 20 和 30 就是键对应的值,访问字典中元素的方法也很直观,如代码清单 4.15 所示.

代码清单 4.15 访问字典中的元素

```
d['today']                    #该值为 20
d['tomorrow']                 #该值为 30
```

还有一些其他较方便的方法来创建一个字典,如通过 dict 函数转换,或者通过 dict.fromkeys 来创建,如代码清单 4.16 所示.

代码清单 4.16 通过 dict 或者 dict.fromkeys 创建

```
dict([['today',20],['tomorrow',30]])      #也相当于{'today':20,'tomorrow':30}
dict.fromkeys(['today','tomorrow'],20)    #相当于{'today':20,'tomorrow':20}
```

字典的很多函数和方法都与列表是一样的,这里不再赘述.

① 字典合并的方法如下：

```
a={'a':1,'b':2,'c':3}
b={'a':'apple','d':'dog','m':'milk'}
a|b                          #{'b':2,'c':3,'a':'apple','d':'dog','m':'milk'}
```

② 字典更新的方法如下：

```
a|=b
a                            #{'b':2,'c':3,'a':'apple'}
```

注意：在 Python 3.9 版本中，新增了"|"和"|="合并操作符.

(3) 集合.

Python 内置了集合这一数据结构，与数学上的集合概念基本上是一致的. 集合与列表的区别在于：它的元素是不重复且无序的；它不支持索引. 一般通过花括号或者 set 函数来创建一个集合，如代码清单 4.17 所示.

代码清单 4.17　创建集合

```
s={1,2,2,3}                  #注意 2 会自动去重,得到{1,2,3}
s=set([1,2,2,3])             #同样地,它将列表转换为集合,得到{1,2,3}
```

根据集合的特殊性(特别是无序性)，集合有一些特别的运算，如代码清单 4.18 所示.

代码清单 4.18　集合运算

```
a=t|s                        #t 和 s 的并集
b=t&s                        #t 和 s 的交集
c=t-s                        #t 和 s 的差集(项在 t 中,但不在 s 中)
d=t^s                        #t 和 s 的对称差集(项在 t 或 s 中,但不会同时出现在两者中)
```

本书中，集合这一对象并不常用，所以这里仅简单地介绍，并不进行详细的说明，有兴趣的读者可自行搜索相关教程.

(4) 函数式编程.

函数式编程(functional programming)，或称为函数式程序设计，又称为泛函编程，是一种编程方式. 它将计算机运算视为数学上的函数计算，并且避免使用程序状态和易变对象. 简单来讲，函数式编程是一种"广播式"的编程，结合前面提到过的 lambda 定义函数，用于科学计算中，会显得特别简洁方便.

在 Python 中，函数式编程主要由几个命令或函数的使用构成：lambda，map，reduce，filter，其中 lambda 命令前面已经介绍过，主要用来自定义"行内函数"，现在逐一介绍后三个函数.

① map 函数. 设有一个列表 a = [1,2,3]，要给列表中的每个元素都加 2 得到一个新列表，利用前面的列表解析，编写程序如代码清单 4.19 所示.

代码清单 4.19　使用列表解析操作列表元素

```
b=[i+2 for i in a]
```

而使用 map 函数，编写程序如代码清单 4.20 所示.

代码清单 4.20　使用 map 函数操作列表元素

```
b= map(lambda x:x+2,a)
b=list(b)                    #结果是[3,4,5]
```

也就是说，首先定义一个函数，然后用 map 函数将定义的函数逐一应用到 map 列表中的每个元素，最后返回一个数组. map 函数也接受多参数的函数，例如 map(lambda x,y:x * y,a,b) 表示将 a,b 两个列表的元素对应相乘，把结果返回新列表.

也许有的读者会疑惑有了列表解析，为什么还要有 map 函数呢?这是因为列表解析虽然代码简短，但本质上还是 for 命令，Python 的 for 命令效率并不高，而 map 函数实现了相同的功能且效率更高，原则上来说，它的循环速度是 C 语言级别的.

② reduce 函数. 它与 map 函数类似，但 map 函数用于逐一遍历，而 reduce 函数用于递归计算. 在 Python 3. x 中，reduce 函数已经被移出了全局命名空间，它被置于 fuctools 库中，使用时需要通过 from fuctools import reduce 引入 reduce 函数. 例如，使用 reduce 函数计算 n 的阶乘，如代码清单 4. 21 所示.

代码清单 4. 21　使用 reduce 函数计算 n 的阶乘

```
from fuctools import reduce                  #引入 reduce 函数
reduce(lambda x,y:x* y,range(1,n+1))
```

这里 range(1,n＋1) 相当于给出了一个列表，元素是 $1 \sim n$ 这 n 个整数. lambda x,y:x * y 构造了一个二元函数，返回两个参数的乘积. reduce 函数首先将列表的前两个元素作为函数的参数进行运算，接着将运算结果与第三个元素作为函数的参数进行运算，然后将运算结果与第四个元素作为函数的参数进行运算 …… 以此递推，直到列表结束，返回最终结果. 如果用循环命令，那就要写成如代码清单 4. 22 所示的形式.

代码清单 4. 22　使用循环命令计算 n 的阶乘

```
s=1
for i in range(1,n+1):
    s=s* i
```

③ filter 函数. 顾名思义，它是一个过滤器，用来筛选出列表中符合条件的元素，如代码清单 4. 23 所示.

代码清单 4. 23　使用 filter 函数筛选列表元素

```
b=filter(lambda x:x>5 and x<8,range(10))
b=list(b)                                    #结果是[6,7]
```

使用 filter 函数首先需要一个返回值为 bool 型的函数，如上述的 lambda x:x ＞ 5 and x＜8 定义了一个函数，判断 x 是否大于 5 且小于 8，然后将这个函数作用到 range(10) 的每个元素中，若为 True，则“挑出” 那个元素，最后将满足条件的所有元素组成一个列表返回.

当然，筛选列表元素，也可以使用列表解析，如代码清单 4. 24 所示.

代码清单 4. 24　使用列表解析筛选列表元素

```
b=[i for i in range(10)if i>5 and i<8]
```

它并不比 filter 语句复杂. 但要注意的是，使用 map,reduce 或 filter 函数，最终目的是兼顾简洁和效率，因为 map,reduce 或 filter 函数的循环速度比 Python 内置的 for 或 while 循环要快得多.

4. 2. 3　库的导入与添加

前面已经讲述了 Python 基本平台的搭建和使用，然而仅在默认情况下它并不会将其所有功能都加载进来.因此,设计者需要加载更多的库(或者叫作模块、包等),甚至需要额外安装第三方扩展库,以丰富 Python 的功能,实现编程目的.

1. 库的导入

Python 本身内置了很多强大的库,如与数学相关的 math 库,可以提供更加丰富且复杂的数学运算,如代码清单 4.25 所示.

代码清单 4.25 使用 math 库进行数学运算

```
import math
math.sin(1)                    #计算正弦
math.exp(1)                    #计算指数
math.pi                        #内置的圆周率常数
```

导入库的方法,除直接输入“import 库名”外,还可以为库起一个别名,如代码清单 4.26 所示.

代码清单 4.26 使用别名导入库

```
import math as m
m.sin(1)                       #计算正弦
```

此外,如果并不需要导入库中的所有函数,那么可以特别指定导入函数的名称,如代码清单 4.27 所示.

代码清单 4.27 通过名称导入指定函数

```
from math import exp as e      #只导入 math 库中的 exp 函数,并起别名 e
e(1)                           #计算指数
sin(1)                         #此时 sin(1) 和 math.sin(1) 都会出错,因为没被导入
```

直接导入库中的所有函数,如代码清单 4.28 所示.

代码清单 4.28 导入库中所有函数

```
#直接导入 math 库,即去掉"math.",但这样大量地引入第三方库,容易引起命名冲突
from math import *
exp(1)
sin(1)
```

可以通过“help('modules')”命令来获得已经安装的所有库名.

2. 导入 future 特征(For Python 2.x)

Python 2.x 与 3.x 之间的差别不仅仅在内核上,也部分地表现在代码的实现中.例如,在 Python 2.x 中,print 是作为一个语句出现的,用法为 print a;但在 Python 3.x 中,print 是作为一个函数出现的,用法为 print(a).为保证兼容性,本书的基本代码基于 Python 3.x 的语法编写的,而使用 Python 2.x 的读者,可以通过引入 future 特征的方式兼容代码,如代码清单 4.29 所示.

代码清单 4.29 导入 future 特征

```
#将 print 变成函数形式,即用 print(a) 格式输出
from_future_import print_function
#Python 3.x 的 3/2=1.5,3//2 才等于 1;Python 2.x 中 3/2=1
from_future_import division
```

3. 安装第三方库

Python 自带了很多库，但不一定可以满足需求. 就数据分析和数据挖掘而言，还需要添加一些第三方库来扩展它的功能. 这里简单介绍一下第三方库安装的方法，如表 4.3 所示.

表 4.3　常见的安装第三方库的方法

方法	特点
下载源代码自行安装	安装灵活，但需要自行解决上级依赖问题
用 pip 命令安装	比较方便，自动解决上级依赖问题
用 easy_install 命令安装	比较方便，自动解决上级依赖问题，比 pip 命令稍弱
下载编译好的文件包	一般是 Windows 才提供现成的可执行文件包
系统自带的安装方式	Linux 或 macOS 的软件管理器自带某些库的安装方式

这些安装方法将在之后实际展示.

4.2.4　Python 数据分析工具

本书用到的库有 NumPy，SciPy，Matplotlib，Pandas，Statsmodels，Scikit-learn，Keras，Gensim 等，下面将对这些库的安装和使用进行简单的介绍.

如果读者安装的是 Anaconda 发行版，那么它已经自带以下库：NumPy，SciPy，Matplotlib，Pandas，Scikit-learn.

用 Python 进行科学计算是很丰富的学问，本书只是用到了其数据分析和数据挖掘相关的部分功能，所涉及的一些库如表 4.4 所示.

表 4.4　Python 数据分析和数据挖掘相关扩展库

扩展库	简介
NumPy	提供数组支持及相应的处理函数
SciPy	提供矩阵支持及矩阵相关的数值计算模块
Matplotlib	提供数据可视化工具、作图库
Pandas	提供数据分析和探索工具
Statsmodels	统计建模和计量经济学，包括描述统计、统计模型估计和推断
Scikit-learn	支持回归、分类、聚类等机器学习库
Keras	深度学习库，用于建立神经网络以及深度学习模型
Gensim	用来做文本主题模型的库，可用于文本挖掘

此外，还有一些很实用的库，如涉及图片处理可以用 Pillow(旧版为 PIL，目前已经被 Pillow 代替)、涉及视频处理可以用 OpenCV、涉及高精度运算可以用 GMPY2 等.

1. NumPy

Python 并没有提供数组功能. 虽然列表可以完成基本的数组功能，但它不是真正的数组，而且在数据量较大时，使用列表的运行速度就会慢得难以接受. 为此，NumPy 提供了真正的数组功能及对数据进行快速处理的函数. NumPy 还是很多更高级的扩展库的依赖库，如后面将介绍的 SciPy，Matplotlib，Pandas 等库都依赖于它. 值得强调的是，NumPy 内置函数处理数据的速度是 C 语言级别的，因此在编程时，应当尽量使用其内置函数，避免效率瓶颈的现象(尤其是涉及循环的问题).

在 Windows 中，NumPy 安装跟普通的第三方库安装一样，可以通过 pip 命令安装，命令如下：

```
pip install numpy
```

也可以自行下载源代码，然后使用如下命令安装：

```
python setup.py install
```

在 Linux 中，上述方法也是可行的，而很多 Linux 发行版的软件源中都有 Python 常见的库，因此还可以通过 Linux 自带的软件管理器安装，如在 Ubuntu 下可以用如下命令安装：

```
sudo apt-get install python-numpy
```

安装完成后，可以使用 NumPy 对数组进行操作，如代码清单 4.30 所示.

代码清单 4.30　使用 NumPy 操作数组

```
#-*-coding:utf-8-*-
import numpy as np                    #一般以 np 作为 NumPy 库的别名
a=np.array([2,0,1,5])                 #创建数组
print(a)                              #输出数组
print(a[:3])                          #引用前三个元素(切片)
print(a.min())                        #输出 a 的最小值
a.sort()               #将 a 的元素从小到大排序,此操作直接修改 a,因此这时候 a 为[0,1,2,5]
b=np.array([[1,2,3],[4,5,6]])         #创建二维数组
print(b*b)                            #输出数组的平方阵,即[[1,4,9],[16,25,36]]
```

NumPy 是 Python 中相当成熟和常用的库，因此关于它的教程有很多，最值得阅读的是其官网的帮助文档，读者遇到相应的问题时，可以查阅相关资料.

2. SciPy

如果说 NumPy 让 Python 有了 MATLAB 的味道，那么 SciPy 就让 Python 真正地成了半个 MATLAB. NumPy 提供了多维数组功能，但它只是一般的数组，并不是矩阵. 例如，当两个数组相乘时，只是对应元素相乘，而不是矩阵乘法. SciPy 提供了真正的矩阵，以及大量基于矩阵运算的对象与函数.

SciPy 包含的功能有最优化、线性代数、积分、插值、拟合、特殊函数、快速傅里叶变换、信号处理和图像处理、常微分方程求解和其他科学与工程中常用的计算，显然这些功能都是数据挖掘与建模必备的.

SciPy 依赖于 NumPy，因此安装它之前必须安装好 NumPy. 安装 SciPy 的方法与安装 NumPy 的方法大同小异，命令如下：

```
pip install scipy
```

需要提及的是，在 Ubuntu 下也可以用类似的命令安装 SciPy：

```
sudo apt-get install python-scipy
```

安装好 SciPy 后，使用 SciPy 求解非线性方程组和数值积分，如代码清单 4.31 所示.

代码清单 4.31　使用 SciPy 求解非线性方程组和数值积分

```
#-*-coding:utf-8-*-
#求解非线性方程组 2x1-x2^2=1,x1^2-x2=2
from scipy.optimize import fsolve              #导入求解方程组的函数
def f(x):                                      #定义要求解的方程组
    x1=x[0]
    x2=x[1]
    return[2*x1-x2**2-1,x1**2-x2-2]
result=fsolve(f,[1,1])                         #输入初值[1,1]并求解
print(result)                                  #输出结果,为[1.91963957,1.68501606]
#数值积分
from scipy import integrate                    #导入积分函数
def g(x):                                      #定义被积函数
    return(1-x**2)**0.5
pi_2,err=integrate.quad(g,-1,1)                #积分结果和误差
print(pi_2*2)                                  #由微积分知识知道积分结果为圆周率pi的一半
```

3. Matplotlib

不论是数据挖掘还是数学建模,都免不了数据可视化的问题. 对于 Python,Matplotlib 是最著名的绘图库,主要用于二维绘图,也可以进行简单的三维绘图. 它不仅提供了一整套与 MATLAB 相似但更为丰富的命令,让设计者可以非常快捷地用 Python 可视化数据,而且允许输出达到出版质量的多种图像格式.

Matplotlib 的安装并没有什么特别之处,可以通过 pip install matplotlib 命令安装或者自行下载源代码安装. 在 Ubuntu 下也可以用类似的命令安装:

```
sudo apt-get install python-matplotlib
```

Matplotlib 的上级依赖库相对较多,手动安装时,需要逐一把这些依赖库都安装好. 下面是一个简单的作图例子,如代码清单 4.32 所示,它基本包含了 Matplotlib 作图的关键要素.

代码清单 4.32　Matplotlib 作图示例

```
#-*- coding:utf-8-*-
import numpy as np
import matplotlib.pyplot as plt                          #导入Matplotlib
x=np.linspace(0,10,1000)                                 #作图的自变量的范围
y=np.sin(x)+1                                            #因变量y
z=np.cos(x**2)+1                                         #因变量z
plt.figure(figsize=(8,4))                                #设置图像大小
#作图,设置标签、线条颜色、线条大小
plt.plot(x,y,label='$\sin x+1$',color='red',linewidth=2)
plt.plot(x,z,'b--',label='$\cos x^2+1$')                 #作图,设置标签、线条类型
plt.xlabel('Time(s)')                                    #x轴名称
plt.ylabel('Volt')                                       #y轴名称
plt.title('A Simple Example')                            #标题
```

```
plt.ylim(0,2.2)                                  # 显示的 y 轴范围
plt.legend()                                     # 显示图例
plt.show()                                       # 显示作图结果
```

示例运行作图结果如图 4.9 所示.

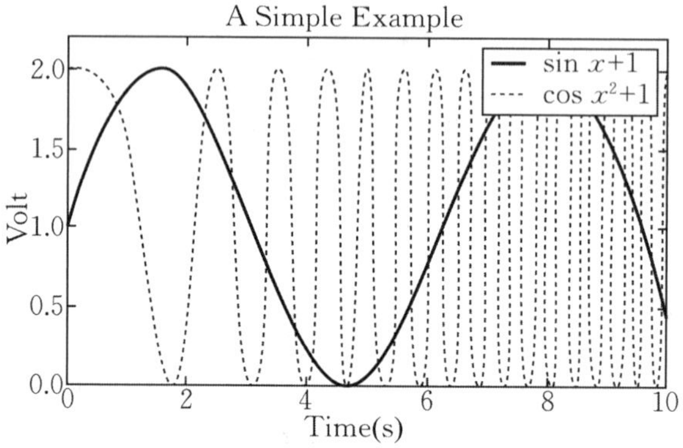

图 4.9 Matplotlib **基本的作图示例**

如果编程时使用的是中文标签,就会发现中文标签无法正常显示. 这是因为 Matplotlib 的默认字体是英文字体,解决办法是在作图前手动指定默认字体为中文字体,如黑体(SimHei):

```
plt.rcParams['font.sans-serif'] = ['SimHei']          # 用来正常显示中文标签
```

保存图像时,负号有可能显示不正常,可以通过以下代码解决:

```
plt.rcParams['axes.unicode_minus'] = False             # 解决保存图像时负号显示为方块的问题
```

Matplotlib 的"画廊"有许多优美的示例图供读者观赏学习,读者也可以进入官网,查阅 Matplotlib 的帮助文档.

4. Pandas

Pandas 是 Python 下最强大的数据分析和探索工具之一. 它包含高级的数据结构和精巧的工具,使得在 Python 中处理数据非常快速和简单. Pandas 建造在 NumPy 之上,它使得以 NumPy 为中心的应用很容易使用.

Pandas 的功能非常强大,支持类似 SQL 的数据增、删、查、改,并且带有丰富的数据处理函数;支持时间序列分析功能;支持灵活处理缺失数据等.

Pandas 的安装相对来说比较容易一些,只要安装好 NumPy 之后,就可以直接安装了,通过 pip install pandas 命令或下载源代码后通过 python setup. py install 命令安装均可. 由于操作中频繁用到读取和写入 EXCEL,但默认的 Pandas 还不能读写 EXCEL 文件,需要安装 xlrd(读) 和 xlwt(写) 库才能支持 EXCEL 的读写.

```
pip install xlrd                  # 为 Python 添加读取 EXCEL 的功能
pip install xlwt                  # 为 Python 添加写入 EXCEL 的功能
```

Pandas 基本的数据结构是 Series 和 DataFrame. Series 顾名思义就是序列,类似一维数组;DataFrame 则是相当于一张二维的表格,类似二维数组,它的每一列都是一个 Series.

为了定位 Series 中的元素,Pandas 提供了 Index 这一对象,每个 Series 都会带有一个对应的 Index,用来标记不同的元素,Index 的内容不一定是数字,也可以是字母、中文等,类似 SQL 中

的主键.

同样,DataFrame 相当于多个带有相同 Index 的 Series 的组合(本质是 Series 的容器),每个 Series 都带有一个唯一的表头,用来标识不同的 Series.

Pandas 中常用操作的示例如代码清单 4.33 所示.

代码清单 4.33 Pandas 中常用操作示例

```
#-*-coding:utf-8-*-
import numpy as np                                          #通常用 np 作为 NumPy 的别名
import pandas as pd                                         #通常用 pd 作为 Pandas 的别名
s=pd.Series([1,2,3],index=['a','b','c'])                    #创建一个序列 s
#创建一个表
d=pd.DataFrame([[1,2,3],[4,5,6]],columns=['a','b','c'])
d2=pd.DataFrame(s)                                          #也可以用已有的序列来创建数据框
d.head()                                                    #预览前 5 行数据
d.describe()                                                #数据基本统计量
#读取文件,注意文件的存储路径不能带有中文,否则读取可能出错
pd.read_excel('data.xls')                                   #读取 EXCEL 文件,创建 DataFrame
#读取文本格式的数据,一般用 encoding 指定编码
pd.read_csv('data.csv',encoding='utf-8')
```

5. Statsmodels

Pandas 着重于数据的读取、处理和探索,而 Statsmodels 则更加注重数据的统计建模分析. Statsmodels 支持与 Pandas 进行数据交互,因此它与 Pandas 结合,成了 Python 下强大的数据挖掘组合.

安装 Statsmodels 相当简单,既可以通过 pip install statsmodels 命令安装,又可以通过下载源代码安装. 对于 Windows 用户,官网上甚至已经有编译好的 EXE 文件供下载. 如果手动安装的话,需要自行解决好依赖问题,Statsmodels 依赖于 Pandas(当然也依赖于 Pandas 所依赖的库),同时还依赖于 Pasty(一个描述统计的库).

使用 Statsmodels 进行 ADF 平稳性检验,如代码清单 4.34 所示.

代码清单 4.34 使用 Statsmodels 进行 ADF 平稳性检验

```
#-*-coding:utf-8-*-
from statsmodels.tsa.stattools import adfuller as ADF   #导入 ADF 检验
import numpy as np
ADF(np.random.rand(100))   #返回的结果有 ADF 值、p 值等
```

6. Scikit-learn

从该库的名称可以看出,这是一个与机器学习相关的库. Scikit-learn 是 Python 下强大的机器学习工具包,它提供了完善的机器学习工具箱,包括数据预处理、分类、回归、聚类、预测、模型分析等.

Sciki-learn 依赖于 NumPy,SciPy 和 Matplotlib,安装方法类似.

使用 Scikit-learn 创建一个机器学习的模型很简单,如代码清单 4.35 所示.

代码清单 4.35　使用 Scikit-learn 创建一个机器学习模型

```
#-*-coding:utf-8-*-
from sklearn.linear_model import LinearRegression   #导入线性回归模型
model = LinearRegression()  #建立线性回归模型
print(model)
```

(1) 所有模型提供的接口有：model. fit()：训练模型，对于监督模型是 fit(X,y)，对于非监督模型是 fit(X).

(2) 监督模型提供如下接口：

① model. predict(X_new)：预测新样本.

② model. predict_proba(X_new)：预测概率，仅对某些模型有用(如逻辑回归模型).

③ model. score()：得分越高，拟合效果越好.

(3) 非监督模型提供如下接口：

① model. transform()：从数据中学到新的基空间.

② model. fit_transform()：从数据中学到新的基空间并将数据按照这组基空间进行变换.

Scikit-learn 本身提供了一些实例数据使初学者上手，比较常见的有安德森(Anderson) 鸢尾花数据集、手写图像数据集等. 安德森鸢尾花数据集有 150 个鸢尾花的一些尺寸观测值，如萼片长度和宽度、花瓣长度和宽度，还有它们的亚属：山鸢尾(Iris setosa)、变色鸢尾(Iris versicolor) 和弗吉尼亚鸢尾(Iris virginia). 导入鸢尾花数据集并使用该数据训练 SVM 模型，如代码清单 4.36 所示.

代码清单 4.36　导入鸢尾花数据集并训练 SVM 模型

```
#-*-coding:utf-8-*-
from sklearn import datasets                      #导入数据集
iris = datasets.load_iris()                       #加载数据集
print(iris.data.shape)                            #查看数据集大小
from sklearn import svm                           #导入 SVM 模型
clf = svm.LinearSVC()                             #建立线性 SVM 分类器
clf.fit(iris.data,iris.target)                    #用数据训练模型
clf.predict([[5.0,  3.6,  1.3,  0.25]])           #训练好模型之后，输入新的数据进行预测
clf.coef_                                         #查看训练好模型的参数
```

7. Keras

本书用 Keras 来搭建神经网络. 事实上，Keras 并非简单的神经网络库，而是一个基于 Theano 的强大的深度学习库，利用它不仅可以搭建普通的神经网络，还可以搭建各种深度学习模型，如自编码器、循环神经网络、递归神经网络、卷积神经网络等. 由于 Keras 是基于 Theano 的，因此运行速度也相当快.

安装 Keras 之前首先需要安装 NumPy，SciPy，Theano. 安装 Theano 之前首先需要准备一个C ++ 编译器，这在 Linux 下是自带的. 因此，在 Linux 下安装 Theano 和 Keras 都非常简单，只需要下载源代码，然后用 python setup. py install 命令安装即可，具体可以参考官方文档.

在 Windows 下安装过程较为复杂，因为 Windows 没有现成的编译环境，一般而言是先安装

MinGW(Windows 下的 GCC 和 G++),再安装 Theano(提前安装好 NumPy 等依赖库),最后安装 Keras. 如果要实现 GPU 加速,还需要安装和配置 CUDA. 限于篇幅,本书不详细介绍在 Windows 下 Theano 和 Keras 的安装配置.

值得一提的是,在 Windows 下的 Keras 运行速度会大打折扣,因此想要在神经网络、深度学习做更深入研究的读者,建议在 Linux 下搭建相应的环境.

用 Keras 搭建神经网络模型的过程相当简洁,也相当直观,它纯粹地就像搭积木一般. 通过短短几十行代码,设计者就可以搭建起一个非常强大的神经网络模型,甚至是深度学习模型. 简单搭建一个多层感知器(multilayer perceptron,MLP),如代码清单 4.37 所示.

代码清单 4.37　搭建一个 MLP

```
#-*-coding:utf-8-*-
from keras.models import Sequential
from keras.layers.core import Dense,Dropout,Activation
from keras.optimizers import SGD
model = Sequential()                                          #模型初始化
#添加输入层(20 节点)、第一隐藏层(64 节点)的连接
model.add(Dense(20,64))
model.add(Activation('tanh'))                                 #第一隐藏层用 tanh 作为激活函数
model.add(Dropout(0.5))                                       #使用 Dropout 防止过拟合
#添加第一隐藏层(64 节点)、第二隐藏层(64 节点)的连接
model.add(Dense(64,64))
model.add(Activation('tanh'))                                 #第二隐藏层用 tanh 作为激活函数
model.add(Dropout(0.5))                                       #使用 Dropout 防止过拟合
#添加第二隐藏层(64 节点)、输出层(1 节点)的连接
model.add(Dense(64,1))
model.add(Activation('sigmoid'))                              #输出层用 sigmoid 作为激活函数
#定义求解算法
sgd = SGD(lr = 0.1,decay = 1e-6,momentum = 0.9,nesterov = True)
#编译生成模型,损失函数为平均误差平方和
model.compile(loss = 'mean_squared_error',optimizer = sgd)
model.fit(X_train,y_train,nb_epoch = 20,batch_size = 16)      #训练模型
score = model.evaluate(X_test,y_test,batch_size = 16)         #测试模型
```

Keras 的预测函数跟 Scikit-learn 有所差别,Keras 用 model.predict() 给出概率,用 model.predict_classes() 给出分类结果.

8. Gensim

Gensim 用来处理语言方面的任务,如文本相似度计算、LDA 和 Word2Vec 等,这些领域的任务往往需要比较多的背景知识,因此在这里只是提醒读者有这么一个库存在,而且这个库很强大,如果需要使用这个库,读者可阅读官方帮助文档.

下面是一个 Gensim 使用 Word2Vec 的简单例子,如代码清单 4.38 所示.

代码清单 4.38　Gensim 使用 Word2Vec 的简单示例

```
#-*-coding:utf-8-*-
import gensim,logging
logging.basicConfig(format='%(asctime)s:%(levelname)s:%(message)s',level=logging.INFO)
#logging 用来输出训练日志
#分好词的句子,每个句子以词列表的形式输入
sentences=[['first','sentence'],['second','sentence']]
#用以上句子训练词向量模型
model=gensim.models.Word2Vec(sentences,min_count=1)
print(model.wv['sentence'])                          #输出单词 sentence 的词向量
```

第 5 章

数学建模论文写作

论文写作中的论文大多指学术论文．学术论文是科学或者社会研究工作者在学术书籍或学术期刊上刊登的呈现自己研究成果的文章．往往强调原创性的工作总结．数学建模论文写作方法与技巧同学术论文写作的大体相似，区别在于数学建模论文更注重模型构建，而学术论文更注重创新点．数学建模论文写作目的是让读者尽可能快地读懂论文，理解论文的创新点和思想．

数学建模论文写作的要点如下：

(1) 角色：写作者.

(2) 场景：将自己的数学建模过程转述为论文向读者介绍.

(3) 目标：写出能清晰表达建模想法的论文，让读者尽可能快地读懂论文.

(4) 影响因素：语言表述、模型、参考资料、实验结果等.

(5) 关系：因素 → 目标.

在数学建模论文写作之前，我们要依托问题场景，构建自己的知识体系. 写作一定要了解知识体系，这样才能更好地凝练创新点，写好论文. 简单地说，构建知识体系是为了更好地分析和理解数学建模任务，进行论文写作.

数学建模论文写作的知识体系如下：

(1) 选定角色：针对数学建模任务，选定一个与任务最为紧密的角色，写作者应该站在选定角色的视角，去进行任务分析. 例如，在"椅子问题"中，角色可以是学生、服务员、家具设计师等，但在问题中与建模任务关系最为紧密的还是服务员这个角色. 因此，写作者可以站在服务员的视角，去明确建模目标、分析影响因素、理解建模过程、验证与预测模型。

(2) 分析过程：在选定角色之后，需要对整个问题进行分析，从而达到理解任务、模型、结果的目的. 分析过程仍然是按照数学建模五要素法去进行的，在一定场景下，明确好建模目标、分析影响因素、明确对应规则、分析验证手段、预测模型结果. 例如，在"椅子问题"中，把角色确定为服务员之后，构造一个餐厅的场景，服务员的目标是放稳椅子，影响椅子放稳的因素就包括地面的起伏和椅子的构造. 如何建立起地面与椅脚之间的关系，如何对模型进行验证、预测，都需要充分了解模型的构建、验证、预测环节.

对知识体系充分了解，才有可能选择良好的写作表达方式、展示模型思想、抓住表述重点. 写作还须有一定的语言表达能力和专业知识素养，并且应具有一些突出模型重点等的写作技巧.

数学建模论文的框架包括：

(1) 标题.

(2) 摘要及关键词.

(3) 问题背景与重述.

(4) 模型假设.

(5) 符号说明(表).

(6) 问题分析.

(7) 模型建立与求解(公式推导，基本模型，最终或简化模型及模型的计算分析与实现等).

(8) 模型检验、灵敏度或误差分析.

(9) 模型讨论与评价.

(10) 模型改进与推广.

(11) 参考文献.

(12) 附录.

§5.1 标　　题

5.1.1 定义

标题:又叫作题目、题名,是论文的重要组成部分.标题应以最恰当、最简明的词语来反映论文中最重要的内容.

数学建模论文标题是一篇论文给出的涉及论文范围与水平的第一个重要信息.一般来说,标题要体现论文的创新点,而创新点需要写作者在建模任务中的主线中探寻,寻找最重要的环节,并在该环节中提炼专业用语或者对应技术.

5.1.2 注意事项

标题拟定的注意事项如下:

(1) 准确得体:论文标题要准确表达论文内容,反映所研究的范围和深度,紧扣论文内容,丝毫不能含糊.为确保标题的含义准确,应尽量避免使用非定量、含义不明的词.

(2) 简明扼要:论文标题要注意简洁明了,不能过长,应以尽可能少的文字概括内容,用词要注意精练.

(3) 具有吸引力:论文标题要注意引入创新点,体现论文的创新性,吸引读者来阅读论文.

5.1.3 实例

以下为选取的部分优秀论文的标题,仅供参考:

(1)《从线出发 —— 对椅子放稳的条件性探究》.

(2)《基于环保监测数据的城市污染排放模式分析》.

(3)《基于深度学习与图像处理的零件识别》.

(4)《基于非侵入式电力负荷检测与分解的电力分析》.

§5.2 摘要及关键词

5.2.1 定义

摘要:以提供论文内容梗概为目的,不加评论和补充解释,简明、确切地记述论文重要内容的短文.其基本要素包括方法、结果和结论,即研究工作的主要对象和范围,采用的手段和方法,得出的结果和重要的结论,有时也包括具有创新价值的其他重要信息.

关键词:对摘要的高度浓缩,即提炼出摘要的主要内容及创新点,数学建模论文主题内容的最重要的词和短语.关键词一般从标题、摘要、结论中总结凝练.

数学建模论文撰写摘要的要诀就是"用最简洁的话把问题说明白",一般用四句话表述:解决了什么问题;基于什么原理、方法或知识(采用了什么方法);建立了什么模型;产生了什么作用或者得出了什么重要结论.摘要具有独立性和自明性,并且高度概括论文的主要信息,即使不阅读全文,也能获得全文的必要信息.

5.2.2 注意事项

1. 摘要

摘要撰写的注意事项如下:

(1) 排除本学科领域已成为常识的内容;切忌把应在引言中出现的内容写入摘要;一般也不要对论文内容进行诠释和评论(尤其是自我评价).

(2) 不得简单重复标题中已有的信息.例如一篇论文的标题是《几种中国兰种子试管培养根状茎发生的研究》,摘要的开头就不要再写"为了……对几种中国兰种子试管培养根状茎的发生进行了研究".

(3) 结构严谨,表达简明,语义确切.摘要先写什么,后写什么,要按一定的逻辑顺序来安排;句子之间要上下连贯,互相呼应;摘要慎用长句,句型应力求简单;句子应表意明白,无空泛、笼统、含混之词,但摘要毕竟是一篇完整的短文,电报式的写法亦不足取;摘要一般不分段.

(4) 用第三人称.建议采用"对……进行了研究""报告了……现状""进行了……调查"等记述方法标明一次文献的性质和文献主题,不必使用"本文""作者"等作为主语.

(5) 摘要最为重点的地方在于专业名词的选择应用与模型的名称,如"通过……方法,分析……问题""通过采用……方法,从而建立了……模型,并且得到了……结论"(在摘要的每一段的末尾或者每一次解决了某个问题以后,一定要写"得到了……结论",并且得到的数据结果一并写出来最好);摘要表述还需一定的递进关系,如"首先……其次……再次……最后……";如果一个模型的名字太长,可用英文字母代替,如"基于CIPP扩展的综合效应评估模型"可简化为"CIPPE模型".

(6) 除实在无法变通外,一般不用数学公式和化学结构式,不出现插图、表格.

(7) 应当重点写出研究的结果,特别是研究的新发现、新规律、新关系.

(8) 方法、模型类论文,应当交代清楚构建的原理、步骤,建立方法、模型的特别之处以及特别的优势和具体特点,不能泛泛地说"很好、很快",要有数据比较,在某指标值上与别的方法、别的模型的比较.

(9) 摘要和文章的结论是不同的.结论中写了的关键结论在摘要仍然可以使用,结论中的主要结果应当在摘要中体现,摘要是一篇体现全文主题的独立性的短文.

2. 关键词

关键词拟定的注意事项如下:

(1) 依次列出 2 ～ 5 个与论文内容关系最为紧密的关键词.

(2) 各关键词的顺序按与论文紧密的程度排列.

(3) 关键词要和论文的标题有直接的联系,但关键词不一定是标题中出现的词.

(4) 关键词应另行列于论文摘要.

5.2.3 实例

以下选取 2013 年国赛 B 题优秀论文《碎纸复原模型与算法》的摘要与关键词,仅供参考.

摘　　要

本文围绕碎纸拼接问题,建立了碎纸距离模型、复原 TSP 模型,并设计了一维碎纸复原算法、二维碎纸复原算法、三维碎纸复原算法等算法,利用 MATLAB 实现对问题的求解.

针对问题一,设计了一维碎纸复原算法,首先提取出附件 1 和附件 2 碎纸图片的像素矩阵,并对其进行二值化处理,然后利用 MATLAB 提取碎纸图片的文字特征,通过字符大小、行距等文字特征构造识别序列,并且利用识别序列的吻合度建立了碎纸距离模型,进而将碎纸复原问题转化为复原 TSP 问题并用模拟退火法进行求解,得到了正确的复原图形及序列.

针对问题二,设计了二维碎纸复原算法,首先对附件 3 和附件 4 的碎纸图片进行标准化,并对标准化有误的图片进行修正,然后提取标准化后图片的层次特征,利用层次特征对图片进行初步分类,对于机器不能分类的图片,通过编制 GUI 程序,提高了人工判别效率,得到相应 11 类行特征相同的碎纸,进而将问题转化为 11 个一维碎纸复原问题并进行求解,得到了正确的复原图形及序列.

针对问题三,设计了三维碎纸复原算法,首先对附件 5 的 a 面与 b 面的图片进行整合,得到 416 张三维碎纸图片,同样对图片进行标准化、提取层次特征、分类等操作,将问题维度降为一维并进行求解,得到附件 5 正反面的正确复原图片及序列.

考虑到算法的量化评价问题,本文在模型改进处提出最小干预度算法,即通过计算机识别顺序与复原顺序的序列逆序度,实现了最小人工干预次数对算法优劣进行刻画.

关键词:碎纸复原算法、TSP、模拟退火法、分类降维、GUI 设计

§5.3 问题背景与重述

5.3.1 定义

问题背景:描述待解决的数学建模问题是基于什么环境下产生的,问题的发展历程和研究现状,问题的存在会产生怎样的影响.

问题重述:对问题用自己的语言复述一遍.

5.3.2 注意事项

1. 问题背景

问题背景描述的注意事项如下：

(1) 切莫泛泛而谈，注重文献查找. 问题背景不是仅仅描述该问题迫切研究的需要等空洞的话题，而是查阅文献，提炼出该问题的发展历程和研究现状，点明需要迫切研究的理由.

(2) 具有客观性，不要放入主观理解和见解.

(3) 指出不足，突出创新，提炼文献中的研究方法与自己的方法进行比较，突出己方的创新点，尤为更佳.

2. 问题重述

问题重述的注意事项如下：

切莫简单复制，问题重述不能只是把题目复制进来，需要通过自己的理解把题目的问题和任务进行提炼，总结出来.

5.3.3 实例

以下选取优秀论文《从线出发 —— 对椅子放稳的条件性探究》的问题背景，仅供参考.

“椅子问题”的模型只是在四只椅脚均为点状的情况下开展的研究，实际上在生活中常用的椅子的椅脚不仅有呈点状的，也有呈线状的，也有点状与线状混合的. 可见，对于椅子放稳问题的研究不仅可以从点状椅脚的连线形状上拓展，也可以从椅脚本身形状上进行拓展. 如图中，左边椅子的椅脚由两个点状椅脚与一条线状椅脚组合而成，称为单线型线状椅脚；中间椅子的椅脚由两条线状椅脚构成，称为双线型线状椅脚；右边椅子的椅脚由三条线状椅脚构成，称为三线型线状椅脚.

§5.4 模型假设与符号说明

5.4.1 定义

模型假设：顾名思义，就是模型的假设条件. 模型假设就是构造的场景中静态的事物或者可认为不变的事物.

符号说明：符号说明就是把生活语言转化为符号语言，对符号语言进一步说明、规整为表格的形式. 例如，在“嫦娥三号的软着陆问题”中，近月点用 A 表示，这就是从生活语言转化为符号语言的过程，再将所涉及的生活语言全部转化为符号语言，规整为表格，即可完成符号说明.

5.4.2 注意事项

模型假设的注意事项如下：

(1) 基本假设的合理性很重要.

(2) 关键性假设必不可少,且要切合题意.

(3) 一般从题目中的条件和要求中提取出场景下可定性的条件,即从题目中的条件和要求中做出假设.

符号说明的注意事项如下：

(1) 要注意整篇文章符号一致.

(2) 可应用表格样式,如隐藏边框.

(3) 符号搭配协调,符合数学规则,大小写区分好,不用怪异符号.

(4) 符号命名要坚持两个原则:见名知义化、符号系列化.

5.4.3　实例

1. 模型假设实例

以下选取优秀论文《从线出发 —— 对椅子放稳的条件性探究》的模型假设,仅供参考.

对椅子和地面做一些必要的假设：

(1) 点状椅脚与各线状椅脚的竖直长度均相同,各线状椅脚的水平长度相同.

(2) 点状椅脚与地面接触处可视为一个点,线状椅脚与地面接触处可视为一条线.

(3) 椅子的线状椅脚两端点与点状椅脚或其他线状椅脚两端点的连线都是正方形.

(4) 假设地面高度沿任何方向都是连续变化的,可视为数学上的连续曲面.

(5) 假设相对于椅脚的长度而言,地面起伏较小,使线状椅脚在任何位置至少有两个点与地面距离为 0.

2. 符号说明实例

以下选取 2014 年国赛 A 题优秀论文《嫦娥三号软着陆轨道设计与控制策略》的符号说明,如表 5.1 所示,仅供参考.

表 5.1　符号说明参考

符号	表示含义	单位
A 点	表示近月点	
B 点	表示远月点	
G	表示引力常量	$\mathrm{N \cdot m^2/kg^2}$
R	表示卫星与其环绕运行星球几何中心的距离	m
r	表示月球平均半径	m
M	表示月球的质量	kg
m	表示嫦娥三号的质量	kg
R_A	表示嫦娥三号在近地点距离月球表面的距离	m
R_B	表示嫦娥三号在远地点距离月球表面的距离	m
v_A	表示嫦娥三号在近地点的运行速度大小	m/s
v_B	表示嫦娥三号在远地点的运行速度大小	m/s

续表

符号	表示含义	单位
$g_{月}$	表示月球上的重力加速度	m/s^2
$F_{推}$	表示主减速发动机产生的推力	N
v_g	表示比冲	m/s
h	表示嫦娥三号着陆过程中的海拔高度	m
v	表示嫦娥三号着陆过程中的合速度大小	m/s
t	表示嫦娥三号着陆过程中的所用时间	s
x	表示嫦娥三号着陆点方向上的水平位移	m

§5.5 问题分析

5.5.1 定义

问题分析：分析如何由建模问题得到所建模型的一个过程. 问题分析是从题目到模型的过程，同时可以将自己的理解、思考过程、思路进行巧妙的阐述，为建模打下基础，使建立的模型更顺理成章，方便理解.

问题分析的主要作用是过渡，对问题要解决的重点及突破口进行分析，使接下来的建模不突兀.

5.5.2 注意事项

问题分析的注意事项如下：

(1) 文字精简：文字不可太长.

(2) 内容集中：内容不要过于分散、琐碎，措辞要精练.

(3) 条理清晰，娓娓道来.

5.5.3 实例

以下选取优秀论文《媒体微信公众号传播影响力的主成分优化实证研究》的问题分析，仅供参考.

微信公众号影响力评估是驱动企业进行优质原创的动力之一，对企业运营方向的确定同样具有重大的参考价值. 然而影响力相关指标众多，如何对这些指标进行降维并构造总体评价指标，从而简单有效地评估微信公众号影响力是任务的关键. 在此，基于影响力相关指标数据，采用主成分分析方法对影响力指标进行降维，并提取相应的主成分，通过计算各指标在主成分上的得分对微信公众号进行综合评估.

§5.6 模型建立与求解

5.6.1 定义

模型建立:通过分析建模问题,采用数学语言构建数学模型的过程.

模型求解:对建立的数学模型进行推导求解.

模型建立是正文的重头戏,是突出论文亮点的高光时刻.模型建立可由简单到复杂建立多个模型(递进式),也可根据题目的要求,逐个问题建立模型(并列式).建模的同时要考虑,会建也要会解,只建不解,很难有说服力.

5.6.2 注意事项

模型建立的注意事项如下:

(1) 注意各个模型之间的联系及变量的转换和公式的迭代.

(2) 模型要有特色与创新,注意改进与变通.

(3) 分清变量类型,恰当使用数学工具.

(4) 抓住问题本质,简化变量之间的关系.

(5) 建立数学模型时要有严密的数学推理.

(6) 用数学方法建模,模型要明确,要有数学表达式.

模型求解的注意事项如下:

(1) 数学命题叙述要符合表述规范,尽可能论证严密.

(2) 说明计算方法或算法的原理、思想、依据、步骤.若采用现有软件,说明采用此软件的理由,软件名称.

(3) 计算过程、中间结果可要可不要的,无须全盘列出.

(4) 所算出的数值结果都应该是合理的.

(5) 题目中要求回答的问题、数值结果、结论,须一一列出.

(6) 列数据问题:考虑是否需要列出多组数据或额外数据,对数据进行比较、分析,为各种方案的提出提供依据.

(7) 结果表达:要集中、直观,一目了然,便于比较分析.

① 数值结果建议用图形、图表表示.

② 求解方案建议用图形表示.

(8) 结论明确:必要时对问题解答,做定性或规律性的讨论.

5.6.3 结果表达

把模型结果表述出来尤为重要，根本宗旨是把问题的结论凸显出来，让读者快速读懂结果. 最有效的方法是将数据可视化.

1. 数据可视化的步骤

第一步：明确问题.

开始创建一个可视化项目时，需明确要回答的问题，或者试着回答"这个可视化项目会怎样帮助读者?"的问题.

假设有这样一个数据集(见表 5.2)，包含几个机构的作者总数、出版物总数、引用总数和它们特定一年的增长率.

表 5.2 数据集中的三条记录

机构名	作者 总数/人	出版物 总数/篇	引用 总数/次	作者 增长率/%	出版物 增长率/%	引用 增长率/%
Athena 机构	1 000	3 000	3 100	2.8	5.2	7.2
Bravo 机构	1 200	7 879	9 000	2.5	10.1	3.3
Delta 机构	500	800	670	1.2	12.4	5.5

清晰的问题有助于避免数据可视化的一个常见毛病：把不相干的事物放在一起比较. 图 5.1 是一个糟糕的可视化案例，所有的变量都被包含在一张图表中.

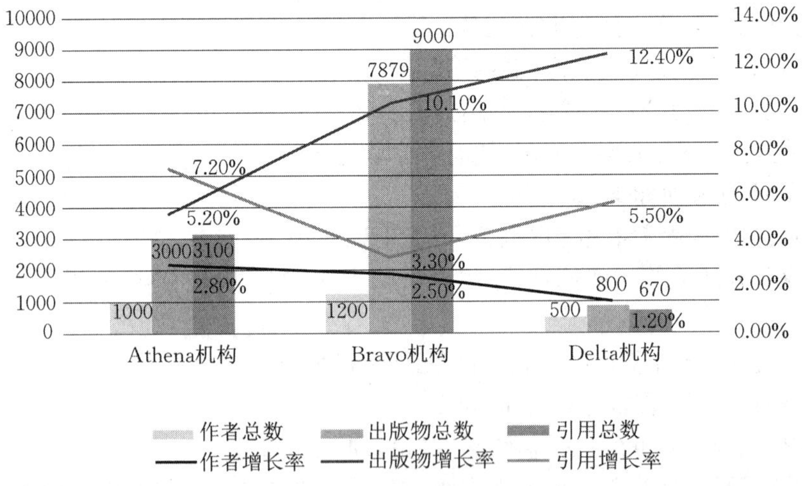

图 5.1 可视化效果 1

在同一张图表中绘制出不同类型的多个变量，会诱导注意力分散的读者去比较不相干的变量. 例如，观察得出所有机构的作者总数都少于出版物总数，这没有任何意义；又或者发现 Athena 机构、Bravo 机构、Delta 机构的出版物总数依次增长，也没有意义. 拥挤的图表难以阅读、难以处理. 简而言之，糟糕的可视化项目并不澄清事实而是引人困惑.

第二步：从基本的可视化着手.

确定可视化项目的目标后，便可以建立一个基本的图形. 它可能是饼图、线形图、流程图、散点图、表面图、地图、网络图等，其类型取决于得到的数据. 在明确图表应该传达的核心信息时，需要明确以下几个问题：

(1) 试图绘制什么变量？

(2) x 轴和 y 轴分别代表什么？

(3) 数据点的大小有什么含义吗？颜色有什么含义吗？

(4) 试图确定与时间有关的趋势，还是与变量？

不建议使用不同类型的图表实现相同目标，是因为不同类型的数据各自有其最适合的图表类型. 例如，线形图最适合表现与时间有关的趋势，抑或是两个变量之间的潜在关系；当数据集中的数据点过多时，使用散点图进行可视化会比较容易；直方图可展示数据的分布. 特别地，直方图的形状可以根据组距的不同而发生改变，如图 5.2 所示.

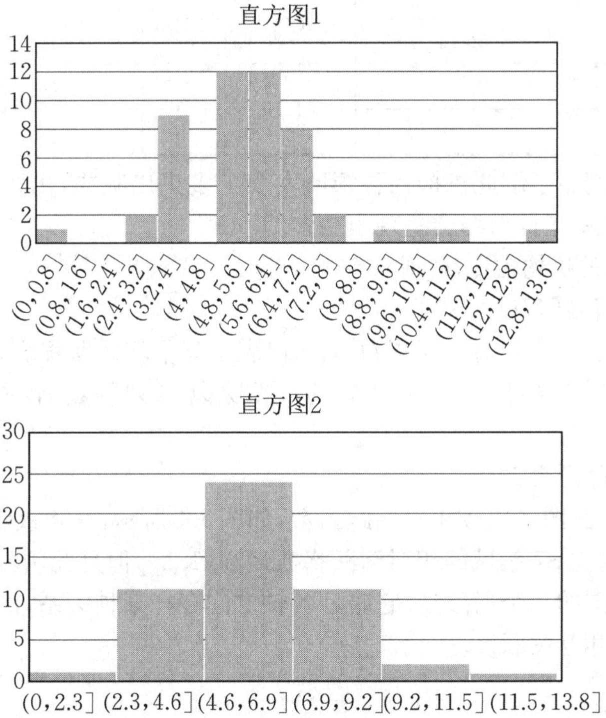

图 5.2　可视化效果 2

当组距变化时，直方图的形状也发生变化. 组距太窄会导致起伏过多，让读者只盯着树木却看不到整个森林. 此外，在完成下一步后，你可能会想要修改或更换图表类型.

第三步：确定最能提供信息指标.

可视化过程中最关键的步骤是充分了解数据集及每个变量的含义. 假设有另一个关于某机构出版物数量的数据集(见表 5.3)，可以看出，在 S1 领域，此机构出版了 633 篇出版物，占此机构全部出版物的 39%；相同时间内全球此领域共出版了 27 738 篇出版物，占全球总量的 44%. 注意：B 列中出版物占机构全部出版物的百分比累计超过 100%，是因为有些出版物被标记为属于多个领域.

表 5.3　某机构出版物数量的数据集

领域	A	B	C	D	E
	机构出版物 / 篇	出版物机构占比 /%	全球出版物 / 篇	出版物全球占比 /%	相对活跃指数
S1	633	39	27 738	44	0.88
S2	579	35	15 718	25	1.43
S3	247	15	10 759	17	0.89
S4	227	14	12 012	19	0.73
S5	149	9	7 907	13	0.73
S6	76	5	3 563	6	0.83
S7	67	4	1 439	2	1.8
S8	39	2	1 191	2	1.27
S9	38	2	1 671	3	0.88
S10	33	2	1 051	2	1.22

在这个案例中，我们想了解此机构在各领域发表了多少出版物，出版数量是一个有用的指标，不仅如此，与下面这些指标对照会呈现出更多信息：

(1) 各领域出版物的机构占比(B 列)；

(2) 各领域的全球活跃程度.

由此，我们可以确定一个相对活跃指数，1.0 代表全球平均活跃程度，高于 1.0 代表高于全球水平，低于 1.0 代表低于全球水平. 用 B 列的数据除以 D 列的数据，得到这个新的指标，见表 5.3 的 E 列.

第四步：选择正确的图表类型.

现在我们可以用雷达图来比较相对活跃指数，如图 5.3 所示，并着重观察指数最高 / 最低的研究领域. 例如，此机构在 S7 领域的相对活跃指数最高(1.8)，但是此领域出版物的全球占比远远小于其他领域. 雷达图的一个局限是，它暗示各轴之间存在某种关系，而在本案例中这种关系并不存在(各领域并不相互关联).

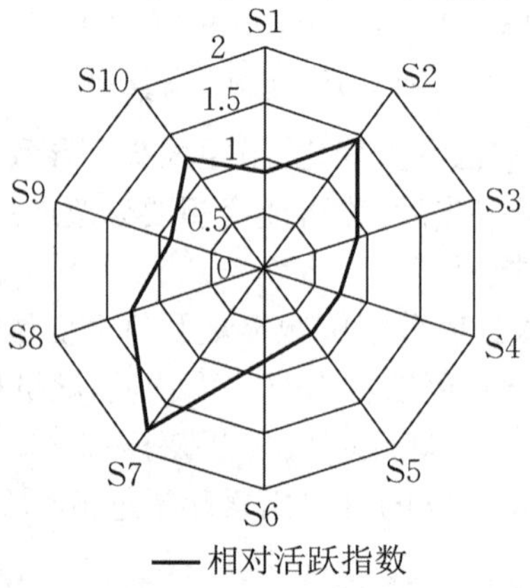

图 5.3　可视化效果 3(相对活跃指数雷达图)

数据的规范化(如相对活跃指数)是一个很常见也很有效的数据转换方法,但需要基于帮助读者得出正确结论的目的使用.在本案例中,仅仅发现目标机构对某个小领域非常重视没太大意义.

因此,我们可以把出版数量和活跃程度在同一个图表中展示,以理解各领域的活跃程度.使用如图 5.4 所示的玫瑰图,各块的面积表示各领域的出版数量,半径长短表示相对活跃指数(半径轴是二次的).可以看出,S2 领域十分突出,拥有最大的出版数量(由面积表示)和较高的相对活跃程度(由半径长度表示).

第五步:将注意力引向关键信息.

用肉眼衡量半径长度可能并不容易.由于在本案例中,相对活跃指数的 1.0 代表此领域的全球活跃程度,因此可以通过给出 1.0 的参照线来引导读者,如图 5.5 所示,这样就很容易看出哪些领域的半径超出参考线.

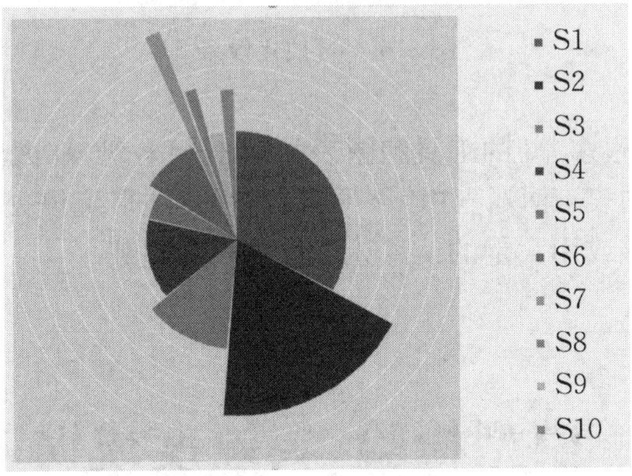

图 5.4　可视化效果 4

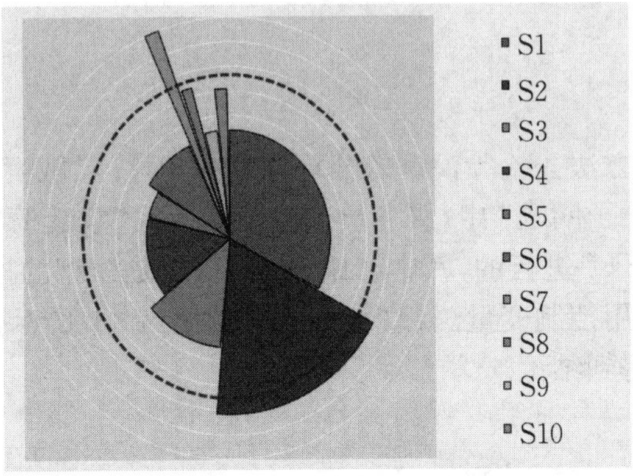

图 5.5　可视化效果 5

还可以使用颜色帮助读者识别出版数量最多的领域.如图 5.6 所示,一块的颜色深浅由出版数量决定,颜色越深代表出版数量越多.为了便于识别,还可以把各领域名称作为标签.

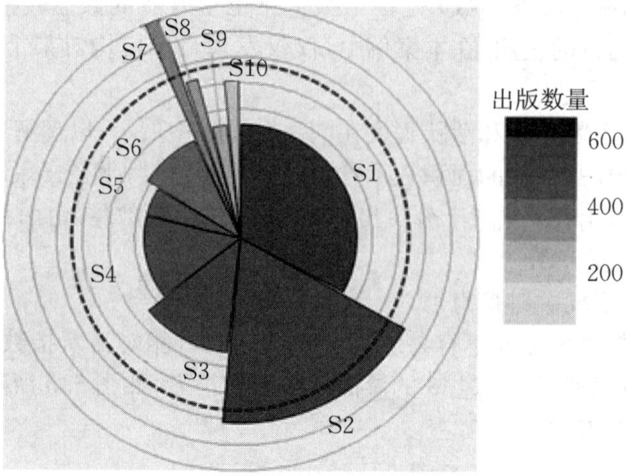

图 5.6　可视化效果 6

2. 结论

数据可视化的方法有很多.新的工具和图表类型不断出现,都试图创造出比之前更有吸引力、更有利于传播信息的图表.建议记住以下原则:可视化项目应该去总结关键信息并使之更清晰直白,而不应该令人困惑或用大量的信息让读者的大脑超载.

§5.7　模型检验、灵敏度或误差分析

5.7.1　定义

模型检验就是用各种方法去检验模型的合理性及准确性.灵敏度或误差分析都是检验模型准确性的方法.例如,在"椅子问题"中,服务员是围绕着主线"拿起椅子 → 寻找地点 → 放下椅子 → 挪动椅子 → 放稳椅子"进行的,其中,"挪动椅子"就是模型的检验过程.

灵敏度分析实质上是用控制变量法,改变一个参数值,做出目标指标值的变化曲线或其他可视化图表,再分析总结得到结论.

5.7.2　实例

1. 模型检验实例

以下选取优秀论文《基于非侵入式电力负荷检测与分解的电力分析》的模型检验,仅供参考.

在判别设备种类时,选择 Python 中 Scikit-learn 库中的 NuSVC 函数进行判别,利用特征选择建立的特征库训练模型,然后利用训练好的模型对设备 1 和设备 2 进行判别,设备种类判别及

实时用电量计算可参考代码和结果(见图 5.7)[①].

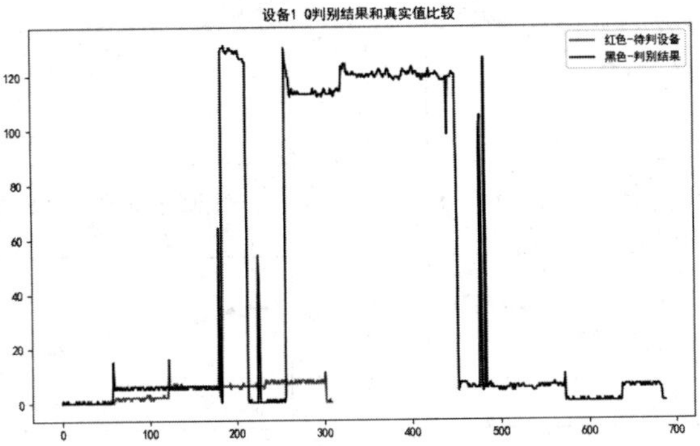

(a)

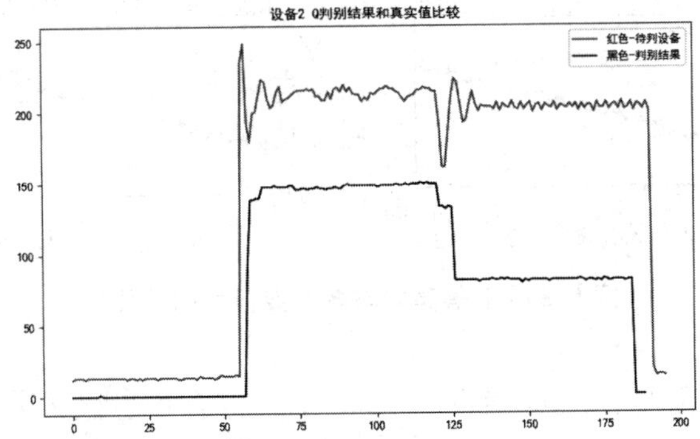

(b)

图 5.7　建立判别模型并计算实时用电量结果(部分)

根据结果可以看出,在相同的时间段内,待判别设备和判别结果中设备的参数轨迹图相似度很高,说明建立的判别模型可以用于判别单一设备所属类别,且具有较高可信度.

2. 灵敏度或误差分析实例

以下选取2014年国赛A题优秀论文《嫦娥三号软着陆轨道设计与控制策略》的灵敏度或误差分析,仅供参考.

(1) 灵敏度分析.

① 在软着陆过程中,下落高度与嫦娥三号的运动状态及姿态调整之间存在着密切的关联性.因此,以主减速段为例,通过改变下落高度,进而观察其他变量的情况.由图 5.8 可知,当下落高度不断增大时,燃料消耗量、下落时间、水平位移及末速度与水平方向的夹角基本呈线性增大趋势,末质量和末速度与下落高度呈明显负相关趋势,则可以说明下落高度的改变对各个变量数值均会产生较大影响.

② 发动机推力 F 是控制嫦娥三号下落高度及运动状态的重要影响因素,因此现以主减速段为例,通过改变 F,观察其他变量的变化情况.由图 5.9 可以较为直观地看出,各个变量与推力之间存在着较强关联性,推力的变化能够明显影响其余变量的数值.

---

①此处代码及部分结果已省略.

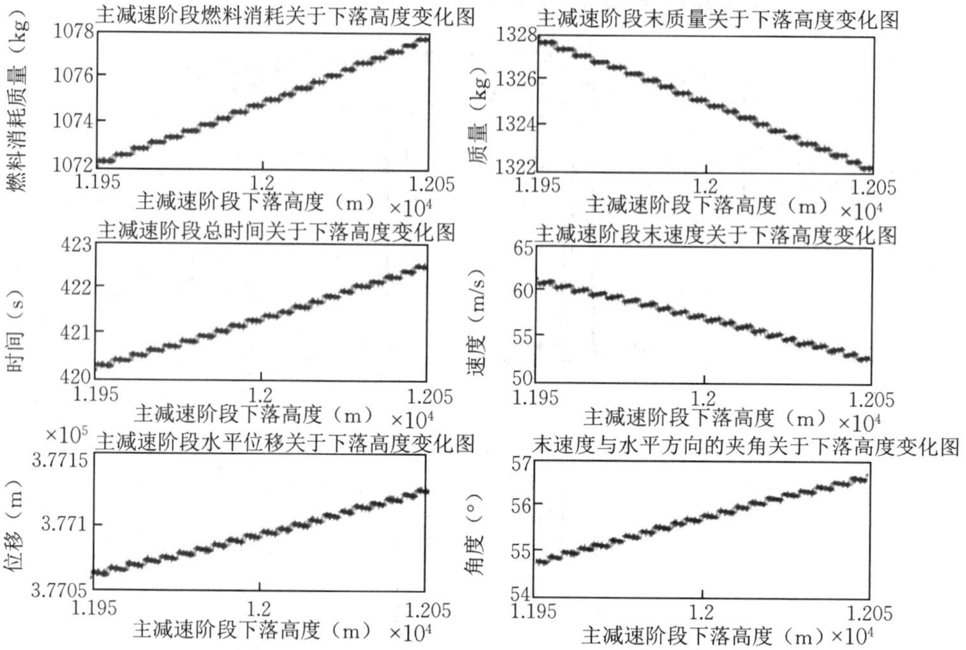

图 5.8　下落高度与各个变量之间的关系

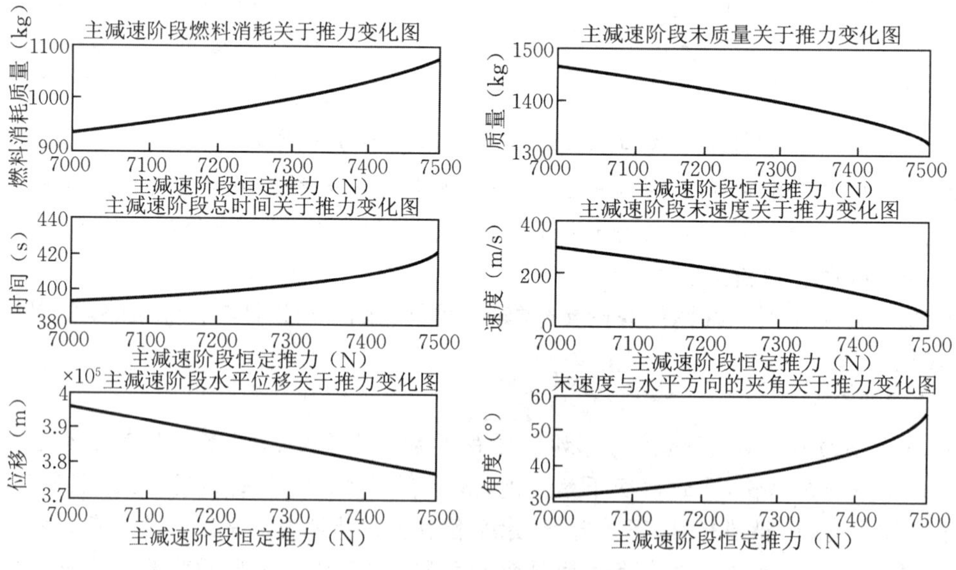

图 5.9　推力的改变对其他变量的影响关系

(2) 误差分析.

① 时间相对误差.

由表 5.4 中相对误差值大小可知，主减速阶段相对误差最小为 0.135，而缓冲阶段相对误差最大达到 0.819. 基于灵敏度分析可知，各阶段下落时间在软着陆过程是一个变量，且会受到推力及下落高度的影响，同时，在实际过程中，存在较多外界影响因素会对下落时间造成影响. 在本模型求解过程中，考虑因素较少，模型过于理想化将导致后面三个阶段下落时间远小于实际值.

表 5.4　实际值与模型值的各阶段时间相对误差

阶段	主减速阶段	快速调整阶段	粗避障阶段	精避障阶段	缓冲阶段
实际值 /s	487	16	125	22	19
模型值 /s	421.3	24.4	62.1	9.26	3.44
相对误差	0.135	0.525	0.503	0.579	0.819

② 推力的改变对于水平位移产生的相对误差.

在主减速阶段,为便于求得最优控制策略取推力为固定值进行计算,为检验推力对于嫦娥三号水平位移的影响程度,利用 MATLAB 软件对其相对误差进行求解,如表 5.5 所示.

表 5.5　主减速阶段推力改变时水平位移的相对误差

推力 /N	7 000	7 010	7 020	7 030	7 040	7 050
相对误差	0.051 1	0.050 1	0.049 1	0.048 1	0.047 2	0.046 2

为了更为直观地反映出主减速阶段推力改变对水平位移产生的影响程度,作出趋势曲线如图 5.10 所示.

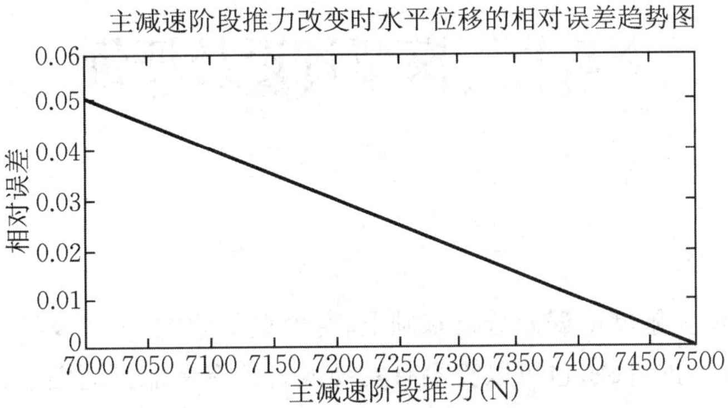

图 5.10　主减速阶段推力改变时水平位移的相对误差

可以明显看出,当主减速阶段推力逐渐增大时,相对误差逐渐减小,基本呈负相关趋势. 在主减速阶段最优策略模型中,取推力为 7 500 N,此时对于水平位移的相对误差为 0. 由此,可以得出结论:问题 1 中所建立的主减速最优控制模型,取推力为 7 500 N,对水平位移基本无影响,则取值具有合理性.

③ 下落高度的改变对于水平位移的影响.

由表 5.6 中相对误差数值大小可以看出,主减速阶段下落高度的改变对水平位移的相对误差影响非常小,而且随着下落高度的增加,相对误差变化规律具有波动性. 为此,作出相对误差趋势曲线来寻找下落高度对于水平位移的相对误差影响趋势,如图 5.11 所示.

表 5.6　主减速阶段下落高度改变时水平位移的相对误差

下落高度 /m	11 985	11 990	11 995	12 000	12 005	12 010	12 015
相对误差	0.000 02	0.000 02	0.000 01	0.000 00	0.000 01	0.000 03	0.000 03

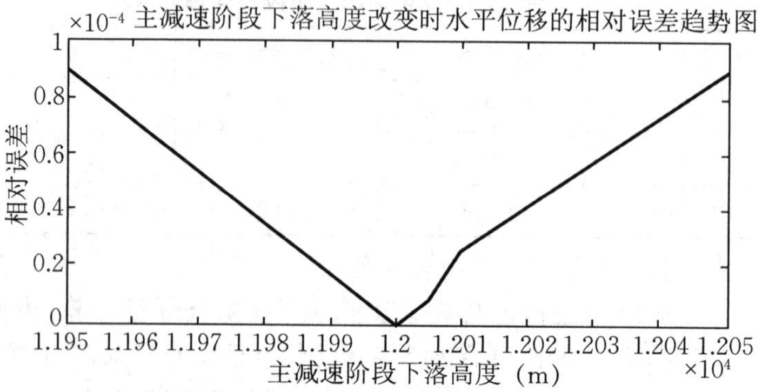

图 5.11　主减速阶段下落高度改变时水平位移的相对误差

由图5.11所示曲线趋势可知，当下落高度小于 1.2×10^4 m时，相对误差与下落高度呈负相关趋势；当下落高度大于 1.2×10^4 m时，相对误差与下落高度呈正相关趋势.

§5.8　模型讨论与评价

5.8.1　定义

模型讨论：在模型灵敏度或误差分析基础上，对模型的建立、求解及结果进行整理、归纳、讨论、拓展. 模型讨论既查漏补缺，也可以将没有实现或者没有考虑到的因素在此阐述，发散思考，拓展思路.

模型评价：模型评价就是客观地评价所建立的模型，突出优点，不回避缺点.

5.8.2　内容

模型讨论与评价可包含以下内容：

(1) 模型的进一步讨论.

(2) 模型的理论归纳.

(3) 模型的科学性及现实意义.

(4) 模型的客观评价.

5.8.3　实例

以下选取优秀论文《基于深度学习与图像处理的零件识别》的模型讨论与评价，仅供参考.

全连接神经网络与传统的机器学习构造的模型相比，不需要人为构造特征提取器提取特征，而是直接通过训练数据拟合模型，让模型自己学会如何提取特征，准确率也有所提高. 但它并没有充分利用图像中像素的空间位置上的信息，为继续提高分类的准确率，采用深度学习算法中的卷积神经网络进行图像分类.

§5.9 模型改进与推广

这部分要做的是给出改进模型的思路，在讨论的基础上进行少量的计算或者延伸，根据题目的要求，使之更符合现实，更具有推广意义.

模型的改进：改进模型中的缺点. 例如，建立模型时考虑的因素不够全面，或者忽略了某些因素对模型的影响，就可能产生一定的误差. 这时，我们需要改进的则是要全方面考虑这些因素. 另外，也许所建立的模型的算法并不是最优解，运算量大，时间复杂度高，那么便需要改进算法，找出全局最优解.

模型的推广：将模型按照原题的要求进行延伸，结合实际生活，将建立模型过程中的方法应用到其他领域，使其更有现实意义.

§5.10 参考文献

5.10.1 定义

参考文献：引用别人的成果或其他公开资料，一般包括在正文中提及或直接引用且来源于公开刊物的材料、原始数据等，别人发表的论文、期刊，出版的书籍等.

参考文献能反映出真实的科学依据，分清自己和别人的观点或成果，是对前人科学成果的尊重，也便于检索.

5.10.2 注意事项

参考文献书写的注意事项如下：

(1) 参考文献要书写规范，可参考专业学术杂志.

(2) 参考文献需标明刊物著者的姓名、刊物名称、卷次、页码和出版日期.

(3) 参考文献引用的同时需要在正文对应的引用处标上该文献标号.

(4) 参考文献按正文中的引用次序列出.

(5) 参考文献表述方式参考如下：

① 书籍的表述方式：

[编号]作者. 书名[M]. 版本项(第一版略). 出版地：出版社，出版年.

② 期刊论文的表述方式：

[编号]作者. 论文名[文献类型标识]. 杂志名，年，卷期号：起止页码.

③ 网上资源的表述方式：

[编号]作者. 资源标题[文献类型标识]. 网址，访问时间(年月日).

参考文献的表述方式还有很多，一般可以在数据库中直接导出参考文献，本小节不再做过多的叙述，详细的讲解见第 6 章.

5.10.3 实例

1. 书籍实例

[1] 姜启源，谢金星，叶俊. 数学模型[M]. 4 版. 北京：高等教育出版社，2011.

[2] 刘卫国. MATLAB 程序设计与应用[M]. 2 版. 北京：高等教育出版社，2006.

[3] 黄文，王正林. 数据挖掘：R 语言实战[M]. 北京：电子工业出版社，2014.

[4] 司守奎，孙玺菁. 数学建模算法与应用[M]. 3 版. 北京：国防工业出版社，2021.

2. 期刊论文实例

[1] 姚仁海，张和平. 椅子放稳问题的质疑与改进[J]. 数学的实践与认识，2015，45(21)：1-6.

[2] 赵彦晖. 在不平地面上把椅子放稳的充分必要条件[J]. 数学的实践与认识，1999，29(3)：62-65.

3. 网上资源实例

[1] 夏凯俭. 我国上海证券市场"羊群效应"研究——基于 CSAD 模型的实证分析[J/OL]. 金融发展评论，2020(06)：71-83[2021-05-02]. https://doi.org/10.19895/j.cnki.fdr.2020.06.006.

§5.11 附　　录

附录的内容包括详细的结果、详细的数据表格、论文涉及的程序等. 但要注意附录的内容不要有错误，而主要结果数据，应在正文中列出.

第 6 章
数学建模论文排版

排版，是指将文字、图片、图形等可视化信息元素在版面布局上调整位置、大小，是使版面布局条理化的过程．

若将论文排版作为一个建模任务，则可以确定排版的角色、场景．一般情况下，论文排版的角色为论文作者，场景为作者对文章的文字、图片、表格进行合理的布局，以此让读者能够明白文章的条理．因此，角色目标为撰写格式规范的文章．影响因素为行文布局、图片布局、表格布局等．通过与指导老师充分交流，形成合适的模板框架规则后，按模板的规则对文章的文字、图片、表格等进行布局，形成排版后的文章，即根据行文布局、图片布局、表格布局因素建立格式规范文章这一目标．

排版对写作来说，是锦上添花，或者不夸张地说是写作的基石．对于一篇好的论文，排版尤其重要．倘若一篇论文写作很好，而排版很差，这会影响读者的情绪，从而影响到读者对这篇论文的看法．因此，排版对数学建模论文来说，也是至关重要的．

§6.1 使用排版缘由和步骤及 Word 简介

1. 使用排版缘由及排版的步骤

排版主要作用于文章内容，是为了让读者快速地了解文章信息，同时不会因文章冗长产生厌恶感.

将论文排版作为一个建模任务，排版的步骤分为：

(1) 明确技术目标：优秀的排版能让读者快速抓住文章段落中心，使阅读时轻松无压力.

(2) 抓住技术因素：文章篇目字数与字体整体布局.

(3) 确定技术模型：Word 排版模型.

(4) 给出技术评价：增加文章的整体逻辑性.

(5) 技术应用：排版过程中在段落间留下空白与余边，让读者有间歇性阅读的舒适感且明确当前阅读位置.

2. Word 简介

Microsoft Word 是微软公司的一个文字处理器应用程序，最初是由理查德・布罗迪(Richard Brodie) 为了运行 DOS 的 IBM 计算机而在 1983 年编写的. 随后的版本可运行于 Apple Macintosh(1984 年)、SCO UNIX 和 Microsoft Windows(1989 年)，并成了 Microsoft Office 的一部分.

§6.2 Word 排版

6.2.1 字体设置和页面布局

1. 字体要求

字体要求一般如表 6.1 所示.

表 6.1 字体要求

类型	字体格式
大标题	三号宋体、加粗
一号标题	四号黑体、加粗
二号及以下标题	小四黑体、加粗
正文内容	五号宋体

注：一般设置论文标题为三号黑体、不加粗、居中，设置摘要为四号黑体、不加粗、居中.

2. 字体设置方法

如图 6.1 所示,通过样式设置各级标题的格式,右击相应样式,选择“修改”命令.

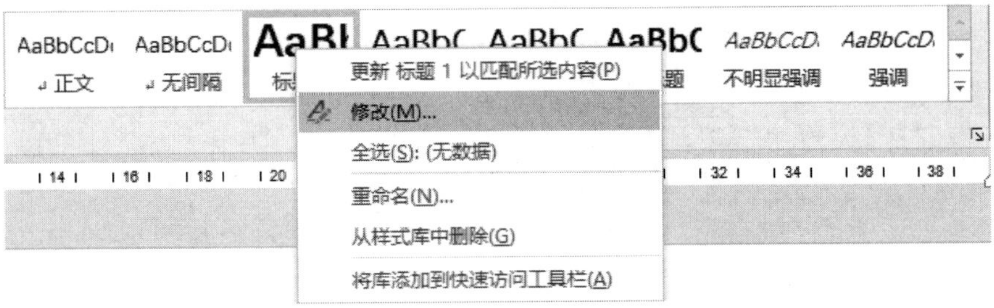

图 6.1 样式设置

此时弹出“修改样式”对话框,如图 6.2 所示,进行字体格式设置后确定即可.

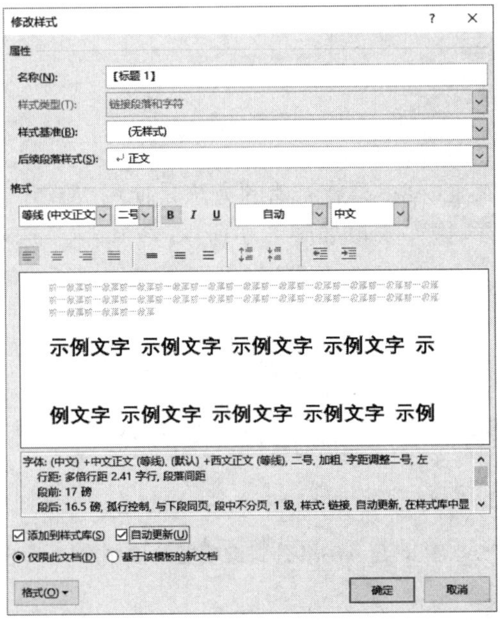

图 6.2 修改样式

注意:(1) 为了便于区分,“名称”可以考虑加上中文的中括号.

(2)“样式基准”选择“(无样式)”

(3)“后续段落样式”选择“正文”.

(4) 勾选“自动更新”,此时所做的设置就可以直接作用于全文.

样式设置完毕后,选择待设置样式的文本,再单击相应样式即可.

3. 页面布局设置

如图 6.3 所示,在“布局”选项卡下,单击“页面设置”功能组中的“页边距”,选择下拉列表中的“自定义页边距”命令,可在弹出的“页面设置”对话框中,将上下左右页边距均设置为 2 厘米.

图 6.3　页边距

6.2.2　公式编辑

经过 Word 2020 的更新,插入公式最简单的方法是使用 Word 中的公式编辑器.

使用 Word 公式编辑器的操作入口如图 6.4 所示.在“插入”选项卡下“符号”功能组中,选择“公式”命令,即可打开“公式”工具选项卡,且可在公式编辑框中输入公式,如图 6.5 所示.

图 6.4　Word 公式编辑器的操作入口

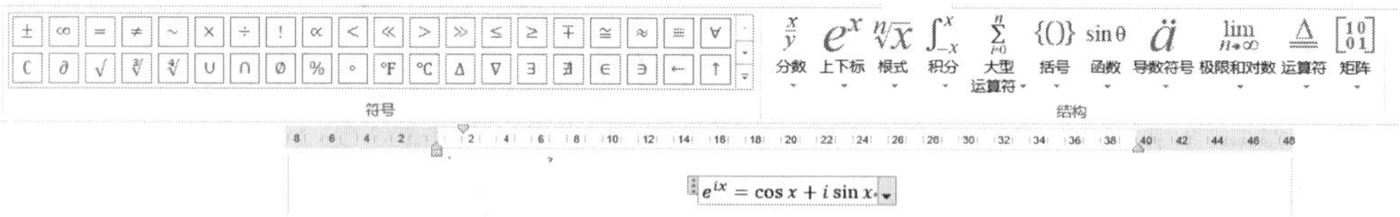

图 6.5　公式编辑器编辑界面

编辑完毕后返回界面即可完成公式插入.

6.2.3　插入题注

插入图片或表格后,需要为图片或表格命名标号.右击图片或表格,在弹出的快捷菜单中选择“插入题注”命令,打开如图 6.6 所示的对话框,命名后单击“确定”即可.

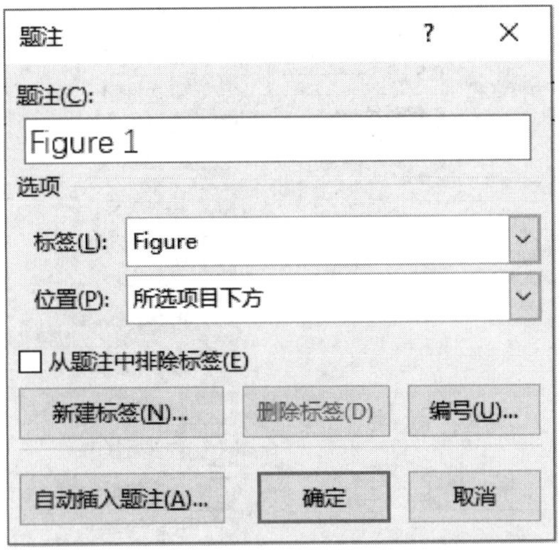

图 6.6　题注

6.2.4　图表放置

以并排放置六张图片(2 行 3 列) 为例.

选择“插入” 选项卡下“表格” 功能组中的“表格” 命令,在下拉列表中移动鼠标指针,框选 2 行 3 列的表格,如图 6.7 所示.

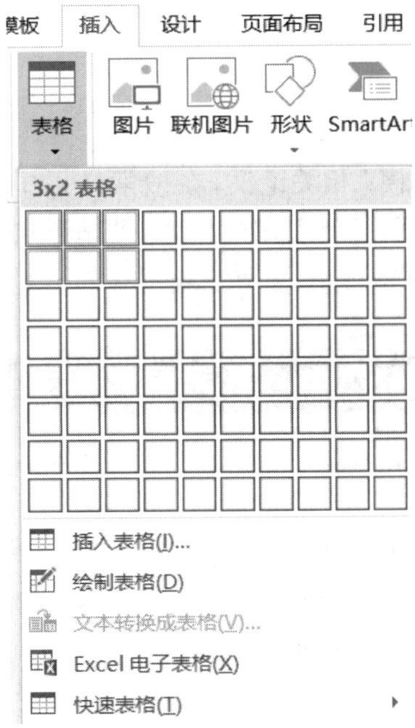

图 6.7　插入表格

插入表格后全选表格,在“边框” 功能组中单击“边框” 下拉按钮,在下拉列表中选择“无框线” 命令,即可把边框去掉,如图 6.8 所示.

在无框线表格中插入图片,即可达到所需效果.

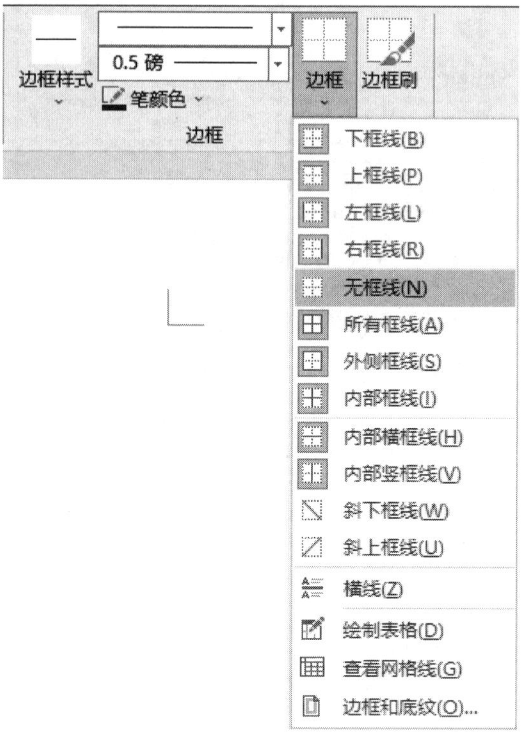

图 6.8　设置表格

6.2.5　参考文献引用

这里以中国知网为例.

如图 6.9 所示,搜索“数学建模”相关论文,在搜索结果中,勾选需要引用的论文,单击“引用”,打开如图 6.10 所示的对话框,复制引用的格式,粘贴至自己的论文即可.

图 6.9　选择引用的参考文献

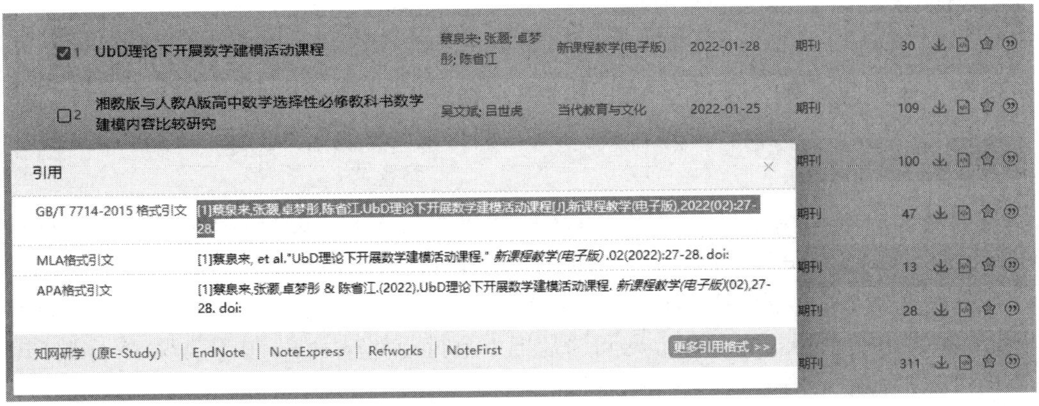

图 6.10 引用格式

§6.3 排版建议和技巧

一个优秀的排版不仅使文章看上去显得简洁而美观，还能吸引读者的注意力，增强阅读的体验感. 一个高标准而又有特色的排版，会给读者留下极其深刻的印象.

1. 排版技巧

(1) 适当地划重点. 所谓适当，就是不过多，不过少，要有画龙点睛之感，即一定要有重点，但是要注意不要在一段很长的句子上划重点(如加粗).

(2) 文章色调以自我感觉舒适为准即可，最好不超过三种色调，字体也是如此，色彩适中即可.

(3) 配图的色调要与文章色调一致或大致接近，且配图的宽度大致相同，面积注意适中.

2. 排版建议

(1) 同大多数论文写作类似，使用样式能够极大提高排版速度.

提前准备好自己的样式文件，可以快速进行写作. 一般是边写边排版，初期只应用所需样式即可，最后再对图表的位置、次序等进行进一步调整. 除 Word 原先所提供的标题、正文等样式外，还可以自定义样式. 对于相同排版表现的内容一定要坚持使用统一的样式，这样做能大大减少工作量和出错概率，并且如果要调整排版格式(文档表现)，只需一次性修改相关样式即可. 使用样式的另一个好处是可以由 Word 自动生成各种目录和索引.

注意：当一个样式难以调整时，可以清除样式.

(2) 一定不要手动输入编号，要使用交叉引用.

手动输入编号极可能给论文后续的修改带来麻烦. 标题的编号可以通过设置标题样式来实现，表格和图形的编号可以通过设置题注的编号来完成. 在编写“参见第 X 章”“如图 X 所示”等内容时，不要手动输入编号，应使用交叉引用. 这样做的好处是当插入或删除新的内容时，所有的编号和引用都将自动更新，无须人力维护，并且可以自动生成图、表目录. 公式的编号也可以通过题注来完成.

(3) 一定不要用空格来达到对齐的目的.

只有英文单词间才有空格,中文文本中没有空格. 所有的对齐都应该利用标尺、制表位、对齐方式和段落的缩进等来进行. 同理,一定不要用回车来调整段落的间距.

(4) 绘图.

统计图建议使用 Excel 生成,框图和流程图建议使用 Visio 或 SmartDraw 绘制. 如果使用 Word 的绘图工具绘图,最好以插入 Word 图片的方式,并适当使用组合.

(5) 编辑数学公式建议使用 Word 公式编辑器.

Word 正文中插入公式的一个常见问题是把上下行距都撑大了,很不美观,Word 公式编辑器可以通过固定行距来修正.

(6) 参考文献的编辑和管理.

千万不要在写论文时才想到要整理参考文献,应该养成看文章的同时就整理参考文献的习惯. 建议使用中国知网或百度学术中的批量引用功能.

(7) 使用节.

如果希望在一篇文档里得到不同的页眉、页脚、页码格式,那么可以插入分节符,并设置当前节的格式与上一节不同.

§6.4 其他常用排版软件

数学建模论文常用的排版软件除 Word 外,还有 LaTeX.

LaTeX 非常适用于生成高印刷质量的科技和数学类文档,也适用于生成从简单的信件到完整书籍的所有其他种类的文档.

相对 Word,LaTeX 的排版会更加专业,但如果没有 LaTeX 基础,还是建议用 Word,因为 LaTeX 不适合速成. 数学建模论文除国际赛外,上交文件均为 Word 文档,同时使用人数最多的也是 Word 文档,所以在时间不是很充裕的情况下,Word 文档用来排版即可,从而本书仅介绍 Word 文档论文排版的相关使用内容.

当然,无论哪种排版软件,最好是使用最熟悉的工具来参加建模比赛.

第三部分

数学建模案例分析

第 7 章

数学建模案例精讲

为了更好地理解面向问题的数学建模五要素法，本章特意节选了部分竞赛命题、公选课任务、科研项目等有实际问题背景的数学建模案例，以供学习交流用.读者也可以在学者网课程栏上找到相关数学建模案例交流学习.

§7.1　椅子在不平的地面上能放稳吗

日常生活中在放置椅子时，经常会出现椅子放不稳的情况，对于椅子能放稳的位置的寻找通常都是试探性地寻找，要想考察是否在任何情况下都存在这样的位置，则需要对椅子能放稳位置的存在性做出一个较为科学的检验和探究.

7.1.1　从点出发 —— 对椅子放稳的必然性探究

1. 目标

(1) 建模任务.

这个问题中的建模任务源于日常生活放置椅子这一过程，对于椅子能放稳的位置寻找相关特征和规律，通过从点出发，设变元，用数学语言建立约束条件. 下面从椅脚点出发，总结出信息和约束条件，并建立符号系统，用数学语言表达，具体情况如表 7.1 所示.

表 7.1　"椅子问题"的信息和约束条件、符号系统、数学语言

信息和约束条件	椅子未放稳：对角线上两对椅脚，一对同时着地，另一对不同时着地，且存在至多三只椅脚着地
	椅子放稳：四只椅脚同时着地
符号系统	设椅子的旋转角度为 θ，椅子四脚分别为 A,B,C,D，A 和 C，B 和 D 分别为对角线上的椅脚. A,C 两脚与地面的距离之和为 $f(\theta)$，B,D 两脚与地面的距离之和为 $g(\theta)$
数学语言	$f(\theta)\cdot g(\theta)=0$，则椅子至少三只椅脚着地
	$f(\theta_0)=g(\theta_0)=0$，则椅子放稳

(2) 选定角色.

放椅子这一问题可能涉及的角色，有"服务员""教师""家具设计师" 等，他们的角色目标、技能、任务等各有异同. 表 7.2 展示了不同角色间的对比.

表 7.2　针对不同角色放椅子的信息对比

主要角色	角色任务	角色技能	角色目标	次要角色
服务员	放稳椅子	动手能力、沟通能力	提高椅子稳固程度，给顾客良好的体验感	消费者
教师	放稳椅子	传授知识、讲解问题	回答放稳椅子的问题，进行知识传授	听讲学生
家具设计师	放稳椅子	动手能力、沟通能力、设计能力	设计一款美观且没有缺陷的椅子	上司、甲方

根据生活中放稳椅子问题发生的频率，可选定"服务员" 为角色，并以一家餐厅为场景，去

讨论椅子是否放稳的问题.

(3) 确定场景.

在选定“服务员”这一角色后,需要对餐厅的场景(见图 7.1)做一些必要的描述和假设.

文字表述:餐厅刚开业,餐厅内除一名服务员外无其他人,在放椅子过程中,该服务员摆放椅子的行为不受任何人为因素影响.椅子为四脚椅,且四条椅腿长度相同,地面较为平滑,椅子任何时候都可以至少三脚同时着地,且温度、湿度对椅子和地面不产生影响.

简述场景后,可得到如图 7.2 所示的场景框架图.

图 7.1 四脚椅放置场景

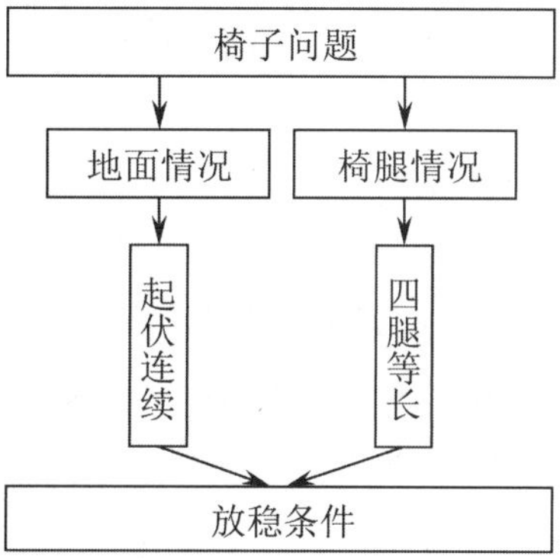

图 7.2 场景框架图

场景框架描述如表 7.3 所示.

表 7.3 场景框架描述

餐厅椅子的椅脚数目为 4 且椅腿的长度相同,四只椅脚的着地点基本在一个平面,椅脚与地面接触处可视为一个点,四脚的连线呈矩形
服务员经过粗定位选择区域的地面高度沿任何方向都是连续变化的,可视为数学上的连续曲面
相对于餐厅椅腿的长度和椅脚的间距,地面起伏较小,使椅子在任何位置至少有三只椅脚同时着地
椅子和地面因为温度、湿度而发生变化所带来的影响忽略不计

(4) 确定角色目标.

以“服务员”为角色,由表 7.3 可知,角色目标是提高椅子稳固程度,给顾客良好的体验感.根据服务员的技能,可以确定服务员的任务为放稳椅子.

(5) 评价目标.

为了表述椅子的稳固程度,可以用椅子与地面的距离作为评价目标,或者进一步说,以对角线椅脚与地面距离之和为评价目标.设 A,C 两脚与地面的距离之和为 $f(\theta)$,B,D 两脚与地面的距离之和为 $g(\theta)$.当 $f(\theta_0)=g(\theta_0)=0$ 时,椅子放稳,这是椅子稳固的评价准则.

2. 因素

(1) 选定环节.

服务员放椅子需要经过流程:“拿起椅子”→“粗观察合适位置”→“移动椅子”→“旋转固定椅子”.顺序经历四个环节,每个环节又可分为各个小环节,如“粗观察合适位置”可细分为“地面平滑程度”“服务员视角”“方位适宜度”等平行环节.图 7.3 所示为流程与环节的关系.

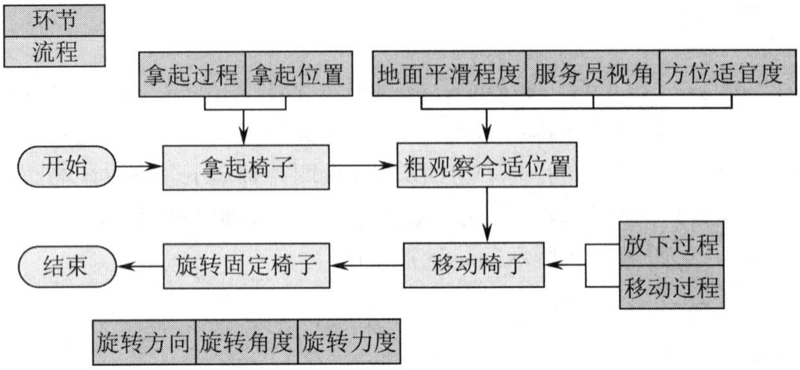

图 7.3　服务员放椅子的流程与环节

(2) 摸清主线.

图7.4展示了"椅子问题"的主线和线索.在"椅子问题"的整个建模任务中,以椅子的"旋转角度"为线索,可以追溯"旋转固定椅子"→"放下椅子"→"粗观察合适位置"这一逆过程,将这一过程反转即为放稳椅子这一建模任务的主线.通过梳理出主线,可以把服务员视角等环节不纳入建模范围,过滤掉部分环节.

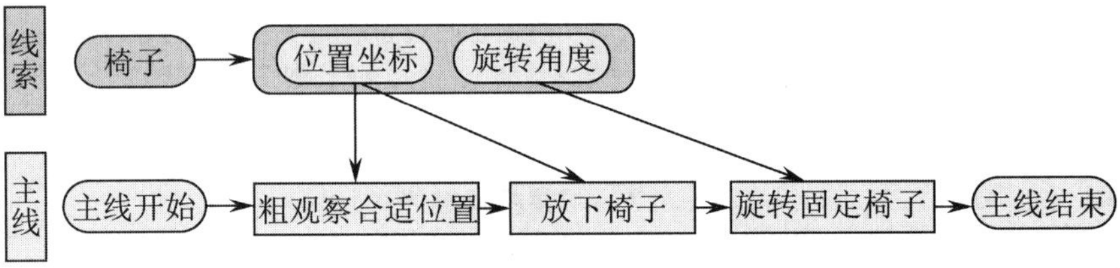

图 7.4　放椅子的主线和线索

(3) 确定因素.

根据整理出的主线,可以知道有很多影响放稳椅子的因素,如服务员在开始搬椅子时的位置、粗浏览地面的方式;选择一块相对平滑且适合落座的区域作为目标地后,将椅子移动的方式;移动到目标地后,放下椅子的方式;把椅子放置于地面后,为确认稳固程度,旋转椅子的程度等.

(4) 评价指标.

根据椅子在不同位置时,椅脚与地面的距离不同,知道椅脚与地面的距离和椅脚位置坐标存在函数关系,即可用位置变量作为函数自变量描述椅脚与地面的距离.

若选择以椅子最后的旋转情况为椅子稳固性的因素,则评价指标可定义如下:

针对椅脚,建立极坐标系,如图 7.5 所示,椅脚围成的矩形 $ABCD$ 的对称中心作为原点,对角线 AC 与 r 轴重合,以对角线 AC 与 r 轴的夹角 θ 表示椅子的位置($A'B'C'D'$ 为椅子旋转角度 θ 时的位置),椅子在不同位置时与地面的距离是变量 θ 的函数.

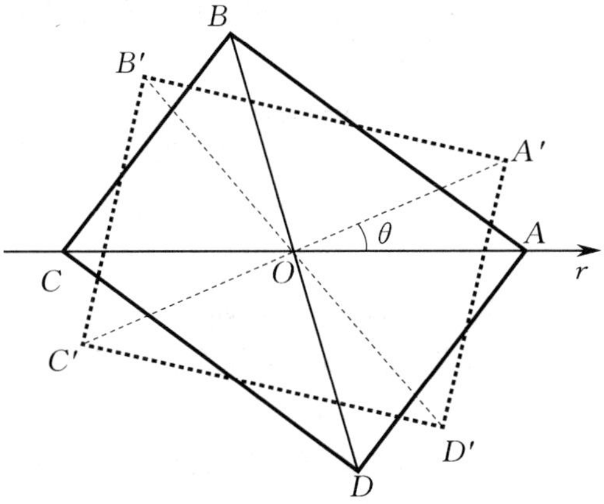

图 7.5　极坐标系下表示椅子的位置

3. 规则

(1) 收集信息.

根据"服务员"角色与放稳椅子的问题,需要收集以下相关信息,获取知识,建立知识体系(见图 7.6),内容如下:

① 物理力学知识:得到椅子放稳的标准和必备条件;

② 数学知识:得到椅脚旋转,坐标的表示方法;

③ 会展知识:得到餐厅场景中椅子适宜位置的评价标准;

④ 家具知识:得到椅子的结构信息,如材质、设计图等.

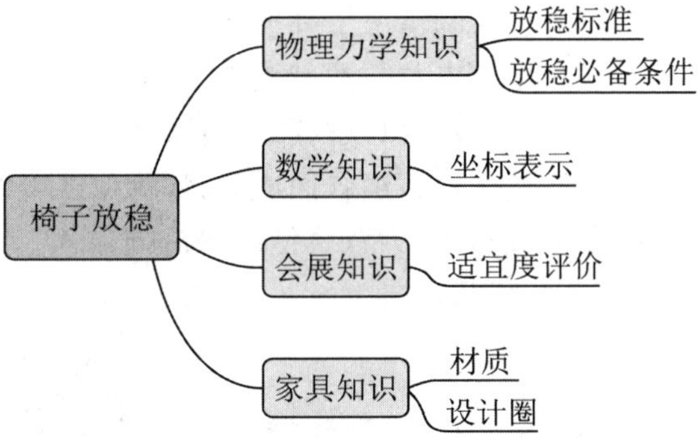

图 7.6　放稳椅子知识体系

(2) 提炼特征.

通过建立的知识体系,从"服务员"角色出发,在各类信息中筛选出与角色技能、角色目标、角色任务相关性高的信息知识,并追溯知识背后的概括性的规律、经验.

① 椅子未放稳时,两对角线上的椅脚总有一对同时着地,一对不同时着地.

② 当椅子旋转 180° 后,两对角线上的椅脚着地情况不变.

需要注意的是,若选择不同角色,使用到的领域知识也可能不同,如对家具设计师而言,可能更看重家具知识和人体学知识中的规律和经验.

(3) 表述规则.

设 A,C 两脚与地面的距离之和为 $f(\theta)$,B,D 两脚与地面的距离之和为 $g(\theta)$. 在椅子未放稳的位置上，$f(\theta)$ 和 $g(\theta)$ 中总有一个为 0，一个不为 0. 由于椅子初始位置的任意性（该任意性是指在粗定位选取的合适放置区域内），不妨设

$$f(0)=0,\quad g(0)>0. \tag{7.1}$$

当椅子旋转180°后，椅脚 A 与椅脚 C、椅脚 B 与椅脚 D 分别互换位置，于是可得

$$f(\pi)=0,\quad g(\pi)>0. \tag{7.2}$$

（4）建立模型或规则.

由场景的条件，椅子在任何位置至少有三只椅脚同时着地，可知对于任意的 θ，$f(\theta)$ 和 $g(\theta)$ 中至少有一个为 0，则任意位置上，椅脚与地面距离函数的关系可表示为

$$f(\theta)\cdot g(\theta)=0. \tag{7.3}$$

根据椅子放稳的充要条件，可以得到各椅脚与地面距离函数的关系. 设椅子放稳时的椅子位置为 θ_0，各椅脚与地面距离函数的关系可表示为

$$f(\theta_0)=g(\theta_0)=0. \tag{7.4}$$

至此建立起椅子放稳的模型.

4. 验证

在现实中，"椅子问题" 几乎不是问题，因此可验证椅子放稳几乎是一个必然事件，即正常生活场景中的椅子基本都可完成四只椅脚与地面的距离为 0 这一事件.

5. 预测

由于椅子放稳的问题在生活场景中几乎不用讨论，因此无须针对椅子放稳做特殊的应用讨论.

7.1.2 从线出发 —— 对椅子放稳的必然性探究

上述模型只是在四只椅脚均为点状的情况下开展的研究，实际上在生活中常用的椅子的椅脚不仅有呈点状的，也有呈线状的，也有点状与线状混合的. 可见，对于椅子放稳问题的研究不仅可以从点状椅脚的连线形状上拓展，也可以从椅脚本身形状上进行拓展. 如图 7.7(a) 所示椅子的椅脚是由两个点状椅脚与一条线状椅脚组合而成的，称为单线型线状椅脚；如图 7.7(b) 所示椅子的椅脚是由两条线状椅脚构成的，称为双线型线状椅脚；如图 7.7(c) 所示椅子的椅脚是由三条线状椅脚构成的，称为三线型线状椅脚.

(a) 单线型线状椅脚　(b) 双线型线状椅脚　(c) 三线型线状椅脚

图 7.7　各类线状椅脚

线状椅脚分担受力和提高椅子稳定性的前提是地面的绝对平坦，若地面稍有起伏，将导致一条线状椅脚与地面的接触处只是线上的一部分线段而并非整条线. 如果线状椅脚的两端点无法与地面接触，那么椅子就无法放稳. 也就是说，地面对线状椅脚的椅子放稳的条件会更加严格.

1. 目标

(1) 建模任务.

以严格约束条件或非严格约束条件来描述椅脚为线状的椅子放稳时的状态,并基于这种约束条件建立数学模型,来寻找能让椅子放稳的位置,总结出信息和约束条件,并建立符号系统,用数学语言表达,具体情况如表 7.4 所示.

表 7.4　“线状椅子问题”的信息和约束条件、符号系统、数学语言

信息和约束条件	当线状椅脚的端点都着地时,认为椅子已经放稳
	椅子稍微可以摇动并不影响使用,所以当各线状椅脚端点附近至少存在一点着地时,即可认为椅子已经放稳
符号系统	第 k 条椅脚上各点 p_{kj} 与地面的距离为 H_{kj}, H_{kj} 是关于 p_{kj} 位置坐标 $x_{kj}, y_{kj}\ (j \in \mathbf{N}^*)$ 的函数,其中 $p_{kj}(x_{kj}, y_{kj}) \in L_k$. 设摇动区间长度为 δ,摇动区间为 $\varepsilon_1 = (0,\delta)$, $\varepsilon_2 = (l-\delta, l)$,其中 $(0,l)$ 为线状椅脚的整个线段区间
数学语言	当关于线状椅脚 L_k 满足 $$\sum_k \int_{L_k} H_{kj}(x_{kj}, y_{kj})\mathrm{d}s = 0$$ 或 $$\begin{cases} \prod_{\varepsilon_1} H_j(x_j, y_j) = 0, & p_j \in \varepsilon_1, \\ \prod_{\varepsilon_2} H_j(x_j, y_j) = 0, & p_j \in \varepsilon_2, \\ H_j(x_j, y_j) \geqslant 0, & p_j \in \varepsilon_0 \end{cases}$$ 时,椅子放稳

(2) 选定角色、确定场景.

仍旧选定“服务员”为角色来讨论线状椅子(见图 7.8)是否放稳的问题,并且需要对之前餐厅场景的描述和假设做一些必要的修改.

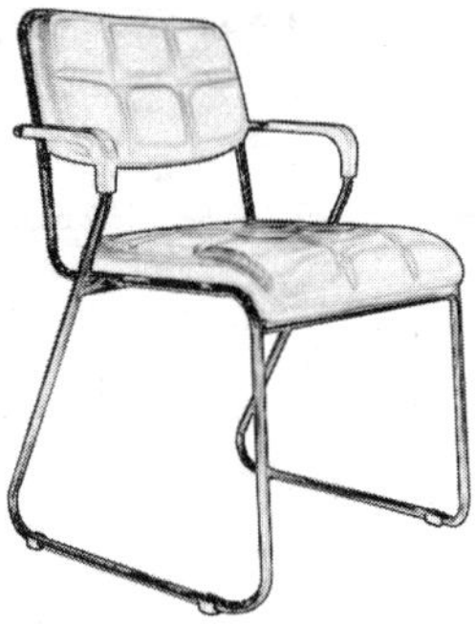

图 7.8　线状椅子

文字表述:餐厅刚开业,餐厅内除一名服务员外无其他人,在放椅子过程中,该服务员摆放椅子的行为不受任何人为因素影响. 餐厅的椅子类型有单线型线状椅脚型、双线型线状椅脚型、三线型线状椅脚型,所有的点状椅腿与各线状椅腿的竖直长度均相同,各椅脚线的水平长度相同,线状椅腿形状笔直. 地面较为光滑,且温度、湿度对椅子和地面不产生影响.

对比表 7.3,根据线状椅子场景进行修改,可得到修改后的场景框架如图 7.9 所示.

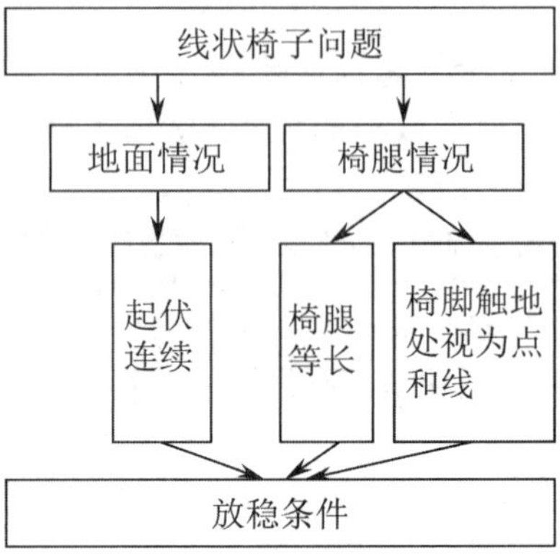

图 7.9　修正后的场景框架图

修正后的场景框架描述如表 7.5 所示.

表 7.5　修正后的场景框架描述

所有的点状椅腿与各线状椅腿的竖直长度均相同,各椅脚线的水平长度相同
点状椅脚与地面接触处可视为一个点,线状椅脚与地面接触处可视为一条线
椅子的线状椅脚两端点与点状椅脚或其他线状椅脚两端点的连线都是正方形
地面高度沿任何方向都是连续变化的,可视为数学上的连续曲面
相对于椅脚的长度而言,地面起伏较小,使线状椅脚在任何位置至少有两个点与地面距离为 0
椅子和地面因为温度、湿度而发生变化所带来的影响忽略不计

(3) 确定角色目标、评价目标.

角色目标仍是尽可能提高椅子稳固程度,给顾客良好的体验感,任务为放稳椅子.

以双线型线状椅脚为例,选择两条线状椅脚的两端点与地面的距离作为评价目标. 当一条线状椅脚的两端点与地面距离为 0 时,则可认为椅子已经放稳,这是线状椅子放稳的评价准则. 由于两条椅脚的端点是四个不动点,可将此种情况归类为线状椅脚椅子的静态放稳问题,如图 7.10(a) 所示.

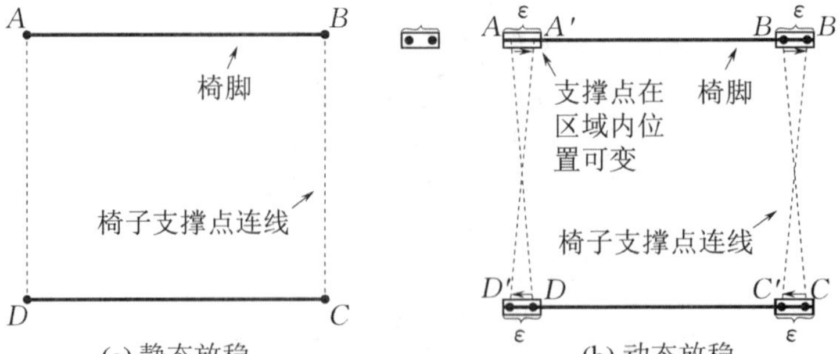

图 7.10　线性椅脚椅子的静态放稳与动态放稳

但一般情况下,椅子稍微可以摇动并不影响椅子的使用,所以当两条线状椅脚两端的一个足够小的区域 ε 内各存在一点接触地面时,即可认为椅子已经放稳. 由于使椅子放稳的四个支撑点由两条椅脚两端的区域 ε 内的一个动点组成，因此可将此种情况归类为线状椅脚椅子的动态放稳问题，如图 7.10(b) 所示.

由上可知，选择两条线状椅脚两端的一个足够小的区域 ε_1，ε_2 内的点 x_1、点 x_2 与地面的距离作为评价目标. ε_1，ε_2 称为线状椅脚的摇动区间，如图 7.11 所示. 当点 x_1、点 x_2 与地面距离均为 0 时，即可判定椅子已经放稳.

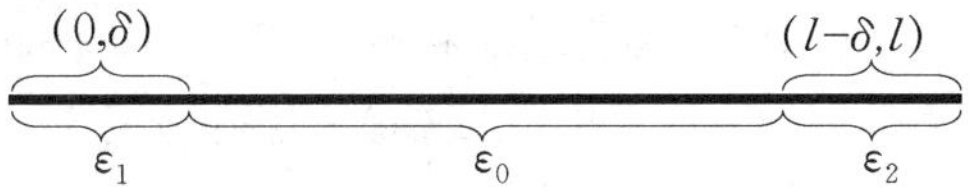

图 7.11　线状椅脚的摇动区间

2. 因素

(1) 选定环节.

在"线状椅子问题"中，服务员放椅子需要经过的流程与四脚椅子的基本变化不大，线状椅子放置流程与环节如图 7.3 所示.

(2) 摸清主线.

如图 7.12 所示，分别以点状椅脚和线状椅脚的"旋转角度"为线索，都可以追溯"旋转固定椅子"→"放下椅子"→"粗观察合适位置"这一逆过程，将这一过程反转即为放稳线状椅子这一建模任务的主线. 通过梳理出主线，我们可以把服务员视角等环节不纳入建模范围，过滤掉部分环节.

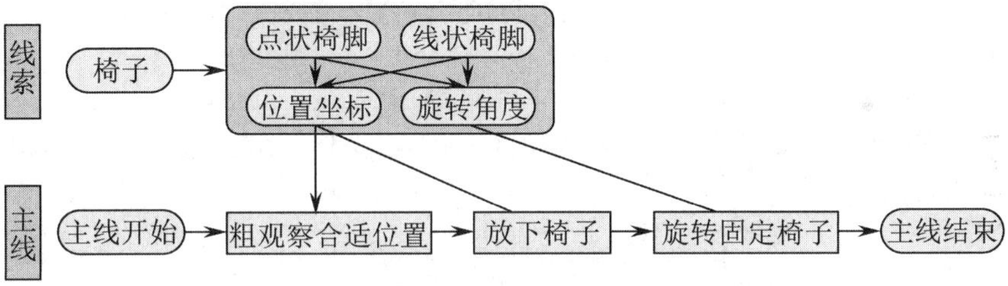

图 7.12　线状椅子放置主线和线索

(3) 确定因素、评价指标.

仍然选择椅子最后的旋转角度为椅子稳固性的因素，但对于点状椅脚和线状椅脚要区分讨论. 线状椅脚椅子的评价指标定义如下：

建立极坐标系，如图 7.13 所示，以椅脚线中点 O 为旋转中心，用旋转角度 θ 来表示椅脚的位置，以 $H_i(\theta)$ 来描述椅脚上一点 p_i 与地面的距离.

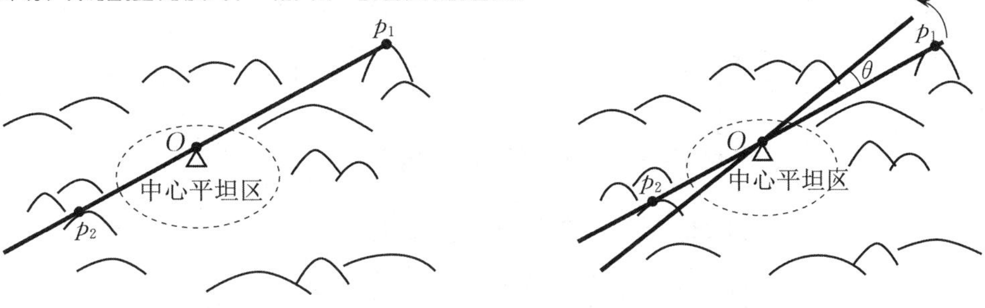

(a) 起始位置　　(b) 位置改变

图 7.13　起始位置与位置改变示意图

3. 规则

(1) 收集信息.

线状椅脚椅子和点状椅脚椅子需要收集的信息有很大的交集,同样都需要对物理力学知识、数学知识、会展知识、家具知识有一定的了解,建立如图 7.6 所示的知识体系.

(2) 提炼特征.

通过建立的知识体系,可以提炼出单线型线状椅脚椅子(简称单线椅)、双线型线状椅脚椅子(简称双线椅)、三线型线状椅脚椅子(简称三线椅)的特征规律:

① 线状椅脚两端的摇动区间内均至少存在一点着地.

② 当椅子旋转 180° 后,两对角线上椅脚两端的摇动区间的着地情况不变.

③ 对于双线椅,两条线状椅脚两端的摇动区间内均至少存在一点着地.

④ 对于三线椅,三条线状椅脚两连接端处存在相邻的摇动区间(这些摇动区间称为互邻摇动区间,其他的则称为无邻摇动区间),需要互邻摇动区间的其中一个至少存在一点着地,两个无邻摇动区间内均至少存在一点着地.

(3) 表述规则.

① 对于单线椅,其椅脚两端的摇动区间 $\varepsilon_1,\varepsilon_2$ 内的点 x_1、点 x_2 需要满足非严格约束条件:

$$\sum_{i=1}^{2} h_i \leqslant \varepsilon, \quad 且 \quad \begin{cases} \prod\limits_{\varepsilon_1} H_j(x_j, y_j) = 0, & p_j \in \varepsilon_1, \\ \prod\limits_{\varepsilon_2} H_j(x_j, y_j) = 0, & p_j \in \varepsilon_2, \\ H_j(x_j, y_j) \geqslant 0, & p_j \in \varepsilon_0. \end{cases} \tag{7.5}$$

② 对于双线椅,两条线状椅脚两端的摇动区间内均至少存在一点与地面的距离为 0,则椅脚需要满足非严格约束条件:

$$\begin{cases} \prod\limits_{\varepsilon_{k1}} H_{kj}(x_{kj}, y_{kj}) = 0, & p_{kj} \in \varepsilon_{k1}, \\ \prod\limits_{\varepsilon_{k2}} H_{kj}(x_{kj}, y_{kj}) = 0, & p_{kj} \in \varepsilon_{k2}, \\ H_{kj}(x_{kj}, y_{kj}) \geqslant 0, & p_{kj} \in \varepsilon_{k0}. \end{cases} \tag{7.6}$$

③ 对于三线椅,三条线状椅脚两连接端处需要互邻摇动区间的其中一个至少存在一点与地面的距离为 0,两个无邻摇动区间内均至少存在一点与地面的距离为 0. 设三条线状椅脚两连接端处的摇动区间为 $\varepsilon_{12},\varepsilon_{31}$ 和 $\varepsilon_{32},\varepsilon_{21}$,第三条线状椅脚连接着另外两条线状椅脚,则椅脚需满足非严格约束条件:

$$\begin{cases} \prod\limits_{\varepsilon_{12}\cup\varepsilon_{31}} H_{kj}(x_{kj}, y_{kj}) = 0, & p_{kj} \in (\varepsilon_{12}\cup\varepsilon_{31}), \\ \prod\limits_{\varepsilon_{21}\cup\varepsilon_{32}} H_{kj}(x_{kj}, y_{kj}) = 0, & p_{kj} \in (\varepsilon_{21}\cup\varepsilon_{32}), \\ \prod\limits_{\varepsilon_{11}} H_{kj}(x_{kj}, y_{kj}) = 0, & p_{kj} \in \varepsilon_{11}, \\ \prod\limits_{\varepsilon_{22}} H_{kj}(x_{kj}, y_{kj}) = 0, & p_{kj} \in \varepsilon_{22}, \\ H_{kj}(x_{kj}, y_{kj}) \geqslant 0, & p_{kj} \in \varepsilon_{k0}. \end{cases} \tag{7.7}$$

(4) 建立模型或规则.

① 对于单线椅,由图 7.13 可知,空白区域并非绝对平坦的区域,只是起伏相对较小,近端零点 p_1,p_2 与地面的距离分别为 H_1,H_2,可得起始状态值

$$\begin{cases} H_1(0)=0, & p_1\in\varepsilon_1, \\ H_2(0)=0, & p_2\in(\varepsilon_0\cup\varepsilon_2), \\ H_j(0)\geqslant 0, & p_j\in L. \end{cases} \tag{7.8}$$

使椅脚绕点 O 旋转 180°(此时椅脚位置称为终止位置),p_1',p_2'分别为 p_1,p_2 关于椅脚线中心点 O 对称的点,它们与地面的距离分别为 H_1',H_2',可得终止状态值

$$\begin{cases} H_1'(\pi)=0, & p_1'\in\varepsilon_2, \\ H_2'(\pi)=0, & p_2'\in(\varepsilon_0\cup\varepsilon_1), \\ H_j(\pi)\geqslant 0, & p_j\in L. \end{cases} \tag{7.9}$$

当线状椅脚满足非严格约束条件时,存在 θ_0 使得

$$\begin{cases} H_a(\theta_0)=0, & p_a\in\varepsilon_1, \\ H_b(\theta_0)=0, & p_b\in\varepsilon_2, \\ H_j(\theta_0)\geqslant 0, & p_j\in L, \end{cases} \tag{7.10}$$

其中 p_a,p_b 分别为椅脚两端的近端零点.

至此,单线椅的模型建立完毕.

② 对于双线椅,如图 7.14 所示,其椅脚由两条线状椅脚构成,在地面选取一个边缘尽可能平坦的区域,使椅脚围成的正方形的几何中点在这个边缘平坦区的中心.调整两条椅脚端点的位置,使两条椅脚同一端的摇动区间内至少存在一点与地面接触,且接触点对于椅脚尽可能靠近端点,而对于地面尽可能是附近的最高点(称与端点最近的地面接触点 p_{11},p_{22} 为近端零点),两条椅脚另一端的近端零点 p_{12},p_{21} 只需要在椅脚线中心点与端点之间即可(称此时椅脚位置为起始位置).

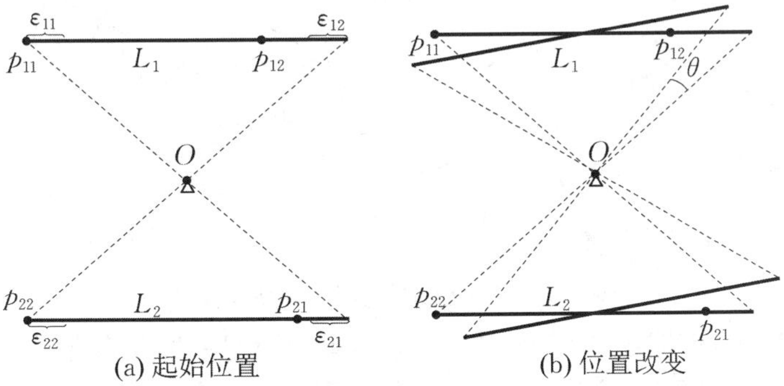

图 7.14 起始位置与位置改变示意图

以正方形的几何中心点 O 为旋转中心,用旋转角度 θ 来表示椅脚的位置,以 $H_{kj}(\theta)$ 来描述第 k 条椅脚上一点 p_{kj} 与地面的距离,近端零点 p_{k1},p_{k2} 与地面的距离分别为 H_{k1},H_{k2},可得初始状态值

$$\begin{cases} H_{k1}(0)=0, & p_{k1}\in \varepsilon_{k1}, \\ H_{k2}(0)=0, & p_{k2}\in (\varepsilon_{k0}\cup \varepsilon_{k2}), \\ H_{kj}(0)\geqslant 0, & p_{kj}\in L_k. \end{cases} \tag{7.11}$$

使椅子绕点O中心旋转180°(此时椅脚位置称为终止位置),p'_{k1},p'_{k2}分别为p_{k1},p_{k2}关于点O中心对称的点,它们与地面的距离分别为H'_{k1},H'_{k2},可得终止状态值

$$\begin{cases} H'_{k1}(\pi)=0, & p'_{k1}\in \varepsilon_{k2}, \\ H'_{k2}(\pi)=0, & p'_{k2}\in (\varepsilon_{k0}\cup \varepsilon_{k1}), \\ H_{kj}(\pi)\geqslant 0, & p_{kj}\in L_k. \end{cases} \tag{7.12}$$

当两条线状椅脚都满足非严格约束条件时,存在θ_0使得

$$\begin{cases} H_{ka}(\theta_0)=0, & p_{ka}\in \varepsilon_{k1}, \\ H_{kb}(\theta_0)=0, & p_{kb}\in \varepsilon_{k2}, \\ H_{kj}(\theta_0)\geqslant 0, & p_{kj}\in L_k, \end{cases} \tag{7.13}$$

其中p_{ka},p_{kb}分别为椅脚两端的近端零点.

至此,双线椅的模型建立完毕.

模型的求解过程即是寻找能满足椅子放稳条件的地面位置.

① 单线椅的动态放稳问题可描述如下:已知在起始状态$\theta=0$下,椅脚线上的两个近端零点$p_1\in\varepsilon_1$,$p_2\in(\varepsilon_0\cup\varepsilon_2)$,旋转180°后在终止状态$\theta=\pi$下,椅脚线上的两个近端零点$p'_1\in\varepsilon_2$,$p'_2\in(\varepsilon_0\cup\varepsilon_1)$.问:在旋转过程中是否存在$\theta_0$使得椅脚线上的两个近端零点$p_a\in\varepsilon_1$,$p_b\in\varepsilon_2$?

分析:在椅脚旋转的过程中,椅脚线上两个近端零点的位置可能一直在变化,但在旋转180°后,近端零点的位置始终会回归到椅脚在起始位置时近端零点所在的位置上,而椅脚的两端互换了位置,如图7.15(a)所示.

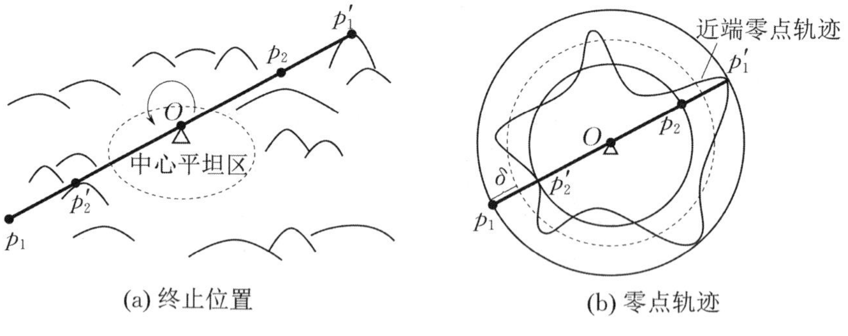

图 7.15　终止位置与零点轨迹示意图

如图7.15(b)所示,近端零点变化的轨迹是连续的,且是一段闭合曲线.一近端零点从p_1移动至p'_2,近端零点所在的区间可能一直在ε_1中,也可能从ε_1移动至ε_0;另一近端零点从p_2移动至p'_1,近端零点所在的区间可能一直在ε_2中,也可能从ε_0移动至ε_2.

只要在轨迹图中寻找两个近端零点同时在摇动区间内的椅脚位置,这个位置就是单线型线状椅脚满足非严格约束条件的位置.当然,这样的位置不一定存在,出现这个位置的概率受所选地面区域的起伏分布以及摇动区间长度δ的取值影响.

另外,椅脚线中心点附近区域相对平坦,若在轨迹图上存在两点e_1,e_2的连线经过中心平坦

区且两点连线的长度$|e_1e_2|$满足

$$|e_1e_2| \geqslant l-2\delta, \tag{7.14}$$

则椅脚放置于 e_1, e_2 的连线上可大概率满足非严格约束条件，其中 l 为椅脚线的水平长度，这样的一对点称为适点对. 而找到这样的两点比找到两个同时在摇动区间内的近端零点的概率要大得多，因此可以在零点轨迹图中寻找适点对来放置线状椅脚.

一般需要优先考虑线状椅脚，点状椅脚只能在使线状椅脚满足非严格约束条件的位置中寻找，而两个点状椅脚的非严格约束条件并不苛刻. 由于近端零点的轨迹连续闭合，因此若近端零点轨迹图中存在一对适点对，则由连续性可知，存在一段有无数对适点对的轨迹线区间. 也就是说，若连续函数存在一点的值大于 0，那么一定存在一个区间内有无数个点的值大于 0. 因此，可以通过尝试的方法，在线状椅脚放置在适点对的连线上后，通过让线状椅脚在适点对上稍做移动来寻找满足两个点状椅脚的非严格约束条件的位置.

② 双线椅的动态放稳问题可描述如下：已知起始状态 $\theta=0$ 下，两条椅脚线上的近端零点 $p_{k1}\in\varepsilon_{k1}, p_{k2}\in(\varepsilon_{k0}\cup\varepsilon_{k2}), k=1,2$，旋转180°后在终止状态 $\theta=\pi$ 下，两条椅脚线上的近端零点 $p'_{k1}\in\varepsilon_{k2}, p'_{k2}\in(\varepsilon_{k0}\cup\varepsilon_{k1})$. 问：在旋转过程中是否存在 θ_0 使得两条椅脚线上各自的两个近端零点 $p_{ka}\in\varepsilon_{k1}, p_{kb}\in\varepsilon_{k2}$?

分析：在椅脚旋转的过程中，两条椅脚线上的四个近端零点的位置可能一直在变化，但在旋转180°后，近端零点的位置始终会回归到椅脚在起始位置时近端零点所在的位置上，而两条椅脚互换了位置，椅脚两端与处于摇动区间内的近端零点的相对位置也发生了互换，如图 7.16(a) 所示.

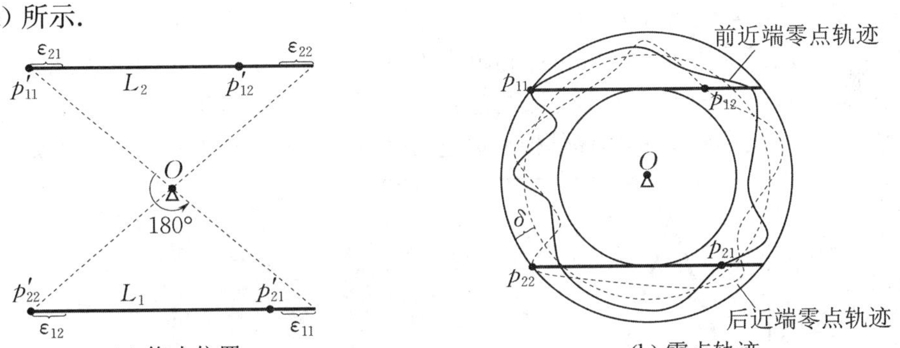

(a) 终止位置　　(b) 零点轨迹

图 7.16　终止位置与零点轨迹示意图

如图 7.16(b) 所示，由 p_{11}, p_{21} 产生的轨迹线称为前近端零点轨迹线(简称前轨迹线)，由 p_{12}, p_{22} 产生的轨迹线称为后近端零点轨迹线(简称后轨迹线)，两条近端零点轨迹线都是连续的，并且是一段闭合曲线，位于前轨迹线的两个近端零点所在的区间可能一直在 ε_{k1} 中，也可能从 ε_{k1} 移动至 ε_{k0}；位于后轨迹线的两个近端零点所在的区间可能一直在 ε_{k2} 中，也可能从 ε_{k2} 移动至 ε_{k0}. 显然在这个过程中，有可能出现四个近端零点同时在摇动区间内的情况.

因此，只要在轨迹图中寻找四个近端零点同时在摇动区间内的椅脚位置，这个位置就是双线型线状椅脚满足非严格约束条件的位置. 当然，这样的位置不一定存在，出现这个位置的概率受所选地面区域的起伏分布以及摇动区间长度 δ 的取值影响.

可以看出，双线型线状椅脚的模型与单线型线状椅脚的非常相似，它们的两个状态值表达式在形式上也完全相同，仅仅是旋转点的选取不同. 然而，由于两条线状椅脚的互相限制，双线型线状椅脚不适合利用适点对来寻找满足约束条件的位置，因此放稳双线型线状椅脚的椅子要比放稳单线型线状椅脚的椅子困难得多.

对于三线型线状椅脚，其共有六个摇动区间并且存在互邻摇动区间，虽然约束条件与双线型线状椅脚有所不同，但它们的研究方法大致相同，在此便不再展开讨论.

4. 验证

线状椅子放稳问题相比点状椅子在生活中更少有，因此现实中线状椅子放稳问题发生的概率要更小，即线状椅子在大部分的场景、角色下都是能够放稳的. 换句话说，验证现实大部分情况，线状椅子的端点摇动区间内存在与地面距离为 0 的点.

5. 预测

由于线状椅子放稳是比点状椅子放稳在生活中更稀少的问题，因此无须针对椅子放稳做特殊的应用.

§7.2 微信公众号影响力分析

据相关统计，截至2020年年底，微信月活跃账户数已超过12亿，年度增长如图7.17所示. 微信公众平台上注册的公众号已超过 1 000 万个. 大部分微信用户已经习惯从微信公众号的窗口对生活信息和社会热点加以关注，而媒体、企业和政府等组织机构也乐于通过微信公众平台进行信息的传播和用户群体的互动，微信公众号正发挥着巨大的影响力. 因此，深入调查微信公众号的影响力指标，并基于建立的指标体系构建评估模型以进行微信公众号影响力评估尤为必要.

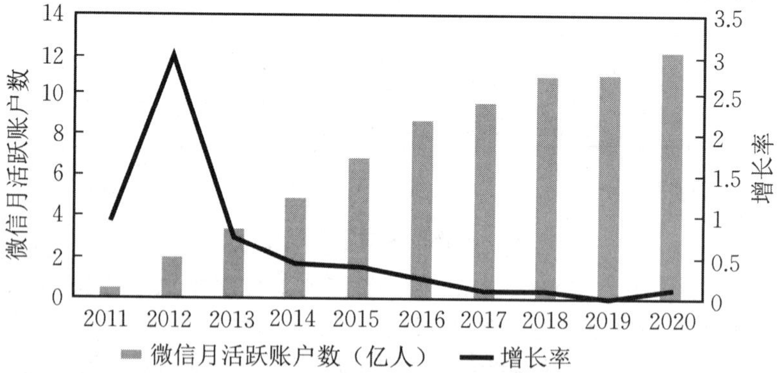

图 7.17 2011 **年到** 2020 **年微信月活跃账户数及增长率**

通过清博指数①获取相关指标数据，在此以 2020 年 10 月 4 日至 10 日一周内 20 个热门的微信公众号（观察者网、占豪、十点读书、洞见、有书、丁香医生、同道大叔、英国那些事儿、科普中国、虎嗅 App、券商中国、冷笑话精选、夜听、果壳、军武次位面、InsDaily、百草园书店、新财迷、差评、一星期一本书）为例，进行数据挖掘研究.

① 清博指数为清博智能大数据服务的产品之一.

1. 目标

(1) 建模任务.

目标是针对2020年10月4日至10日一周内20个热门微信公众号的相关数据进行分析,采用主成分分析方法挖掘各数据对微信公众号影响力的重要程度,设计一个关于微信公众号影响力的综合评分体系,得到数据与各项目评分、综合评分之间的关系.下面从人工选定、采集的数据出发,总结出信息和约束条件,并建立符号系统,用数学语言表达,具体情况如表7.6所示.

表7.6 "微信公众号影响力问题"的信息和约束条件、符号系统、数学语言

信息和约束条件	一周内20个热门微信公众号的信息:文章总数、发布次数、总阅读量、平均阅读量、头条文章阅读量、超10万阅读量文章数、总点赞数、平均点赞数、最高点赞数、点赞率
符号系统	设文章总数为 x_1,发布次数为 x_2,总阅读量为 x_3,平均阅读量为 x_4,头条文章阅读量为 x_5,超10万阅读量文章数为 x_6,总点赞数为 x_7,平均点赞数为 x_8,最高点赞数为 x_9,点赞率为 x_{10}. Z 为综合评分,Y_1,Y_2 为项目评分
数学语言	$Z=\omega_1 Y_1+\omega_2 Y_2=\omega_1 Y_1(x_1,x_2,\cdots,x_{10})+\omega_2 Y_2(x_1,x_2,\cdots,x_{10})$

(2) 选定角色.

如表7.7所示,对于微信用户,公众号发布的图文数量和质量是吸引其关注的重要因素;对于微信公众号运营主体,公众号受关注量、推送图文的阅读量和点赞量是关键;对于评分机构,建立评价体系,不论是文章的信息还是公众号的信息,都是需关注的要点.

表7.7 "微信公众号影响力问题"可能涉及的角色

角色	角色任务	角色技能	角色目标
微信用户	阅读推文	评论、点赞	找到高质量推文
微信公众号运营者	推广高质量推文	撰写、发送推文	提高微信公众号影响力
评分机构	主成分分析	数据分析能力	建立评价体系

根据"微信公众号影响力问题"在日常生活中发生的频率,在此选定"评分机构"为角色,以微信公众号为场景,讨论微信公众号的影响力问题.

(3) 确定场景.

在选定"评分机构"这一角色后,我们需要对场景做一些必要的描述和假设.

文字表述:某家评分机构想对当前热门的微信公众号进行影响力评估,以此对公众号运营商提供咨询服务.已知调查的公众号,运营内容公正公开、观点客观,不存在过激、煽动性、博眼球的言论,且文章发布时间不定,作者署名均为公司.公众号间的竞争影响忽略不计.场景框架描述如表7.8所示.

表7.8 场景框架描述

发布不同类型内容的微信公众号,不考虑它们之间的竞争影响
公众号的吸引力只与文章内容有关,与发布时间、作者署名等无关
文章内容阅读没有限制,可供所有人自由浏览全文
文章不存在过激、刻意煽动、噱头等内容
忽略公众号由于内容类似而产生的竞争影响

(4) 确定角色目标、评价目标.

以“评分机构”为角色,角色目标为建立综合评分评价体系. 根据评分机构的技能,可以确定其任务为对 20 个热门公众号的数据做主成分分析.

为了表述公众号的影响能力,可以用

$$Z = \omega_1 Y_1 + \omega_2 Y_2 + \cdots + \omega_n Y_n$$

来表述公众号综合影响力得分,其中 Y_i 为第 i 主成分,且 $Y_i = Y_i(x_1, x_2, \cdots, x_{10})$, ω_i 为第 i 主成分的权重.

2. 因素

(1) 选定环节.

评分机构评价需要经历流程:“选定研究对象”→“收集数据”→“数据挖掘”→“建立评价体系”,如图 7.18 所示. 顺序经历四个环节,每个环节又可分为各个小环节,如“收集数据”可细分为“收集范围”“数据清理”等平行环节. 由于评价体系的建立与选定影响因素、数据对象有很大关系,因此评价体系的结果多样.

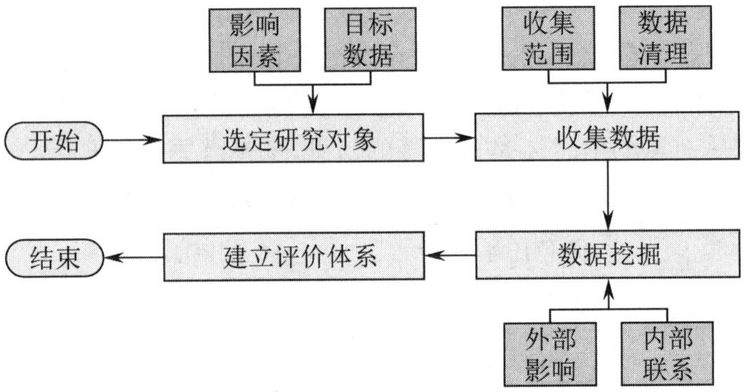

图 7.18　评分机构评价的流程和环节

(2) 摸清主线.

图 7.19 展示了评分机构评价的主线和线索. 在整个微信公众号影响力评价体系的建立过程中,以公众号的“综合评分”为线索,可以追溯“综合评分体系”→“项目评分体系”→“选定因素”→“训练集数据”这一逆过程,将这一过程反转即为建立关于微信公众号影响力的综合评分体系这一建模任务的主线.

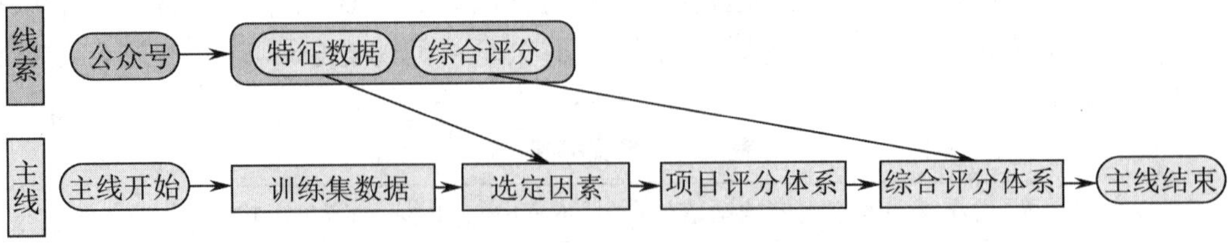

图 7.19　评价公众号的主线和线索

(3) 确定因素、评价指标.

根据整理出的主线,可知影响微信公众号影响力的因素有很多,如文章发布情况、读者阅读情况、文章评价情况等.

根据这些因素，我们选定文章总数 x_1 和发布次数 x_2 作为文章发布情况的评价指标（发布指标），总阅读量 x_3、平均阅读量 x_4、头条文章阅读量 x_5、超10万阅读量文章数 x_6 作为读者阅读情况的评价指标（阅读指标），总点赞数 x_7、平均点赞数 x_8、最高点赞数 x_9、点赞率 x_{10} 作为文章评价情况的评价指标（点赞指标）.

至此，可建立一个如图 7.20 所示的微信公众号影响力指标体系.

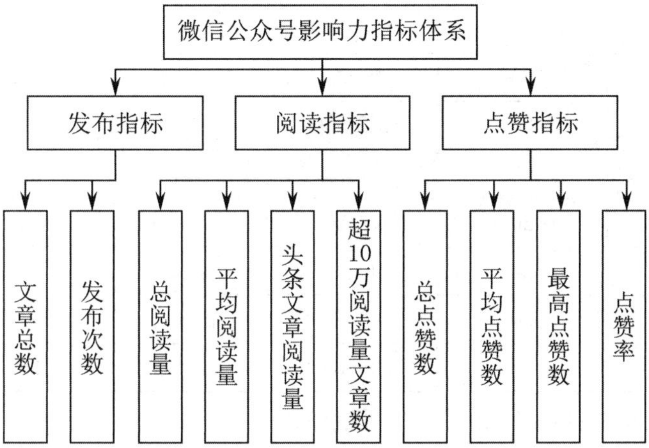

图 7.20　微信公众号影响力指标体系

3. 规则

(1) 收集信息.

根据"评分机构"角色与微信公众号影响力分析的问题，需要收集以下相关信息，获取知识，建立知识体系（见图 7.21），内容如下：

① 信息传播学知识：了解推文的传播方式和传播过程；

② 受众偏好知识：得到不同类型读者的阅读偏好，如字体、内容；

③ 热点知识：了解时效性、实用性对文章质量的影响；

④ 用户习惯知识：了解微信用户的操作和浏览的习惯对推文的影响.

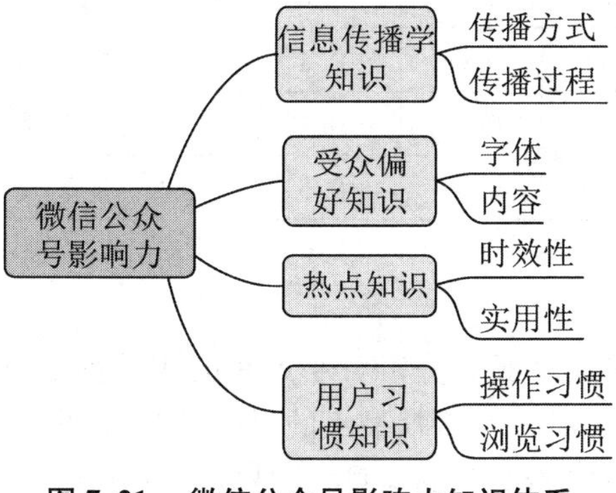

图 7.21　微信公众号影响力知识体系

(2) 提炼特征、表述规则.

针对微信公众号影响力指标体系进行数据挖掘分析，首先将相应的指标数据进行描述性统计，其次计算指标之间的相关性矩阵，总结其特征规律.

描述性统计结果如表 7.9 所示，计算得出各个变量的最小值、最大值、平均值、标准差.

表 7.9　变量描述性统计结果

变量	样本量	最小值	最大值	平均值	标准差
文章总数(x_1)	20	36	168	59.85	27.841 1
发布次数(x_2)	20	7	35	12.05	7.768 4
总阅读量(x_3)	20	2 980 000	12 020 000	4 398 000	1 904 800
平均阅读量(x_4)	20	36 954	98 503	76 178.85	16 445
头条文章阅读量(x_5)	20	660 000	2 940 000	1 133 500	652 180
超 10 万阅读量文章数(x_6)	20	9	51	25.7	13.509 6
总点赞数(x_7)	20	6 716	210 000	63 890.45	56 522
平均点赞数(x_8)	20	67.2	4 077	1 189.115	1 080.5
最高点赞数(x_9)	20	388	25 005	6 797.3	6 402.5
点赞率(x_{10})	20	0.002	0.041	0.014	0.010 9

各个变量之间的相关性结果如表 7.10 所示.

表 7.10　变量相关性结果

	x_1	x_2	x_3	x_4	x_5	x_6	x_7	x_8	x_9	x_{10}
x_1	1.00	0.41	0.84	−0.34	0.47	0.30	0.06	−0.21	−0.22	−0.22
x_2	0.41	1.00	0.22	−0.35	0.99	−0.12	−0.35	−0.45	−0.49	−0.51
x_3	0.84	0.22	1.00	0.20	0.30	0.69	0.38	0.11	0.12	0.05
x_4	−0.34	−0.35	0.20	1.00	−0.32	0.70	0.56	0.63	0.67	0.49
x_5	0.47	0.99	0.30	−0.32	1.00	−0.06	−0.33	−0.45	−0.49	−0.51
x_6	0.30	−0.12	0.69	0.70	−0.06	1.00	0.72	0.62	0.67	0.47
x_7	0.06	−0.35	0.38	0.56	−0.33	0.72	1.00	0.95	0.88	0.92
x_8	−0.21	−0.45	0.11	0.63	−0.45	0.62	0.95	1.00	0.94	0.96
x_9	−0.22	−0.49	0.12	0.67	−0.49	0.67	0.88	0.94	1.00	0.87
x_{10}	−0.22	−0.51	0.05	0.49	−0.51	0.47	0.92	0.96	0.87	1.00

(3) 建立模型或规则.

① 主成分分析.

针对维度较大的数据，采用主成分分析对变量间的相关性矩阵进行特征分析，以达到在减少数据维度的同时保持数据集对方差贡献最大的目的，即通过少数主成分来解释多个变量的内部结构，同时尽可能多地保留原始变量的信息，且彼此间互相独立.

设 $\boldsymbol{X}=(x_1,x_2,\cdots,x_{10})'$ 为微信公众号评估变量，考虑其线性变换：

$$
\begin{cases}
Y_1 = 1.00x_1 + 0.41x_2 + \cdots + (-0.22)x_{10} = \boldsymbol{T}_1'\boldsymbol{X}, \\
Y_2 = 0.41x_1 + 1.00x_2 + \cdots + (-0.51)x_{10} = \boldsymbol{T}_2'\boldsymbol{X}, \\
\qquad \cdots\cdots \\
Y_{10} = (-0.22)x_1 + (-0.51)x_2 + \cdots + 1.00x_{10} = \boldsymbol{T}_{10}'\boldsymbol{X},
\end{cases} \tag{7.15}
$$

其中 Y_i 为第 i 主成分,x_i 为第 i 个变量($i=1,2,\cdots,10$).

采用新变量来替代原来的10个指标变量 $\boldsymbol{X}=(x_1,x_2,\cdots,x_{10})'$,其中第一主成分 Y_1 应尽可能多地反映原变量信息.如果 Y_1 不足以表示原变量的信息,考虑引入第二主成分 Y_2,以此类推.主成分数量的确定依据各主成分累计方差贡献度 φ 进行判定:

$$
\varphi = \frac{\sum_{k=1}^{m} \lambda_k}{\sum_{i=1}^{10} \lambda_i} \quad (m=1,2,\cdots,10), \tag{7.16}
$$

其中 λ_i($i=1,2,\cdots,10$)为各主成分所对应的特征值.

主成分分析结果如表7.11所示.

表7.11 主成分分析结果

主成分	特征值	方差贡献度/%	累计方差贡献度/%
1	5.619 7	53.39	53.39
2	2.866 0	27.23	80.62
3	0.986 6	9.37	89.99
4	0.816 7	7.76	97.75
5	0.146 6	1.39	99.14
6	0.058 4	0.56	99.70
7	0.016 7	0.16	99.86
8	0.011 9	0.11	99.97
9	0.002 7	0.02	99.99
10	0.000 8	0.01	100.00

特征值条形图及累计方差贡献度如图7.22所示.

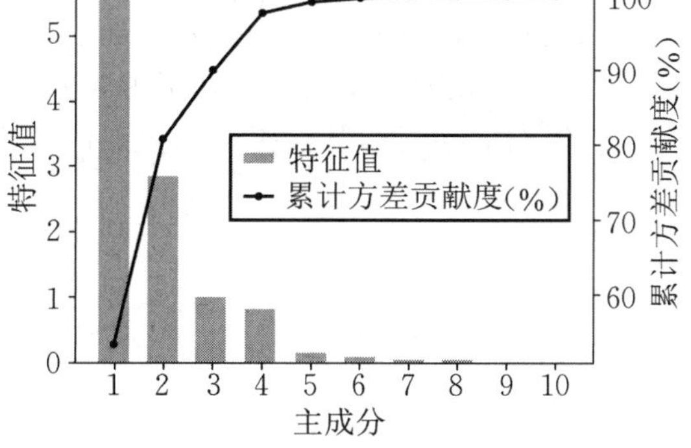

图7.22 特征值及累计方差贡献度

如表 7.11 所示，前两个主成分的特征值均大于 1，且累计方差贡献度高达 80.62%，丢失的信息相对较少. 此外，图 7.22 显示累计方差贡献度折线在主成分数为 2 时出现了明显的拐点，且在第二主成分之后的特征值均相对较小，说明前两个主成分相较于其他主成分对解释变量的贡献更大，可用于替代原指标体系中的 10 个变量. 在此，选择前两个主成分构造综合指标对微信公众号进行影响力评估.

② 因子载荷矩阵计算.

每个主成分中原始变量的系数构成因子载荷矩阵，即原始变量与主成分之间的相关系数，反映了原始变量在主成分变量上的相对重要性.

第一、第二主成分的因子载荷矩阵如表 7.12 所示.

表 7.12　因子载荷矩阵

变量	第一主成分	第二主成分
文章总数(x_1)	−0.099	0.516
发布次数(x_2)	−0.267	0.338
总阅读量(x_3)	0.072	0.554
平均阅读量(x_4)	0.320	0.041
头条文章阅读量(x_5)	−0.261	0.374
超 10 万阅读量文章数(x_6)	0.299	0.372
总点赞数(x_7)	0.396	0.174
平均点赞数(x_8)	0.414	0.023
最高点赞数(x_9)	0.411	0.019
点赞率(x_{10})	0.395	−0.029

在第一主成分上所占比重较大的原始变量有总点赞数 (x_7)、平均点赞数 (x_8)、最高点赞数 (x_9) 和点赞率 (x_{10})，这些指标主要反映了微信公众号的文章质量以及微信用户对文章的喜爱和满意程度，即文章好评度. 在第二主成分上所占比重较大的原始变量有文章总数 (x_1)、总阅读量 (x_3)、头条文章阅读量 (x_5) 和超 10 万阅读量文章数 (x_6)，主要反映了微信公众号总体上的文章发布情况及头条对微信用户的吸引程度，即头条吸引度.

③ 建立影响力综合评估.

在经过主成分分析对指标进行信息降维后，根据所得主成分进行综合评估. 由上可知，第一主成分可归纳为文章满意度，第二主成分可归纳为头条吸引度，在此首先计算各微信公众号在两个主成分上的各自得分，其次利用主成分方差贡献度确定主成分的权重，最后计算综合评分. 通过该方式，在一定程度上可避免评估主观性，从而提高综合评估的客观性和准确性. 采用主成分特征值归一化确定权重 ω，有

$$\omega_i = \frac{\lambda_i}{\sum_{i=1}^{10} \lambda_i} \quad (i = 1,2). \tag{7.17}$$

构造综合评估函数为

$$Z = \omega_1 Y_1 + \omega_2 Y_2, \tag{7.18}$$

其中 Z 为微信公众号综合影响力得分.

4. 验证

各微信公众号在不同维度影响力及综合影响力的得分和排名如表 7.13 所示.

表 7.13　各微信公众号影响力综合评估

微信公众号	头条吸引度		文章满意度		综合	
	得分	排名	得分	排名	得分	排名
观察者网	−0.730	14	5.903	1	1.217	4
占豪	5.183	2	1.020	3	3.045	2
十点读书	2.178	3	0.349	7	1.258	3
洞见	5.552	1	0.687	6	3.151	1
有书	0.902	5	−0.324	11	0.394	6
丁香医生	0.107	8	0.851	4	0.289	7
同道大叔	0.165	7	−0.201	10	0.033	9
英国那些事儿	−0.837	15	−0.768	13	−0.656	13
科普中国	−2.843	19	1.581	2	−1.087	17
虎嗅 App	−2.828	18	0.261	8	−1.439	19
券商中国	−3.486	20	0.739	5	−1.660	20
冷笑话精选	−1.505	16	−0.631	12	−0.975	16
夜听	2.050	4	−0.867	14	0.858	5
果壳	−2.442	17	−0.133	9	−1.340	18
军武次位面	−0.404	10	−1.117	15	−0.520	10
InsDaily	−0.426	11	−1.439	18	−0.619	12
百草园书店	0.732	6	−1.181	16	0.069	8
新财迷	−0.634	13	−1.422	17	−0.726	14
差评	−0.226	9	−1.518	19	−0.534	11
一星期一本书	−0.510	12	−1.789	20	−0.759	15

由表 7.13 可见,各微信公众号综合影响力排名由高到低依次是洞见、占豪、十点读书、观察者网、夜听、有书、丁香医生、百草园书店、同道大叔、军武次位面、差评、InsDaily、英国那些事儿、新财迷、一星期一本书、冷笑话精选、科普中国、果壳、虎嗅 App、券商中国. 各微信公众号在两个主成分上的得分及排名各有差异,说明这两个主成分各自反映了不同方面的信息,在一定程度上容纳了原始变量的大部分信息.

综合得分排名第一的洞见在诸多维度上名列前茅,尤其在头条吸引度上排名第一,说明洞见更趋向于发布观点评论图文,其头条受到广泛微信用户的强烈关注. 综合得分排名第四的观察者网,在文章满意度上排名第一,说明观察者网发布的文章质量相对较高,微信用户对其文章喜爱和满意程度最高.

对于其余微信公众号，在头条吸引度指标上，占豪、十点读书、夜听和有书等公众号排名相对靠前，此类公众号多数为情感生活类公众号，主要靠头条吸引用户量，文章相对更为创新和动人. 在文章满意度指标上，科普中国、丁香医生和券商中国等公众号排名相对较高，此类公众号多数为科普类公众号，说明大多数用户对科普图文更为偏好，科普图文往往能博取用户的喜爱和满意感，从而大大提高公众号图文的点赞数.

5. 预测

从以上分析可得如下结论及启示：

（1）对于情感生活类的微信公众号，因其更贴近生活，故更能吸引读者观看，除保持其发布文章的时效性和吸引力外，同样应提高用户的满意度，以进一步表达用户的心声.

（2）对于科普类等可信度相对较高的微信公众号，因其文章具有一定的权威性，故发布的文章质量让人相对更满意，但此类公众号应更注重文章原创性，进一步提高文章质量，提高吸引力.

§7.3　基于环保监测数据的城市污染排放模式分析

城市空气污染问题是我国高速发展过程中一个急需解决的难题. 空气质量不仅会影响居民的身体健康，还会影响社会的发展和稳定. 目前，城市的各个地方都会布置监测站点，用于实时监测空气质量变化，并基于环保监测站点的实时空气质量数据，分析站点附近及其所在城市的空气污染情况，挖掘得到城市的污染特征信息.

污染排放是影响空气质量的重要因素之一，排放模式能很好地体现污染排放的特点. 分析城市污染排放模式有利于反映城市的污染排放特点，从而为确定污染源头提供支持.

爬取公开网站并脱敏后的某城市空气污染监测数据空气质量指数如表 7.14 所示.

表 7.14　空气污染监测数据空气质量指数

城市	唯一代码	时间节点	O_3	PM10	PM2.5	SO_2	CO	NO_2
city1100123	unique11001	2016-11-01 01:00:00	11	25	10	2	0.4	41
city1100123	unique11001	2016-11-01 02:00:00	2	21	11	6	0.4	45
city1100123	unique11001	2016-11-01 03:00:00	2	24	10	3	0.5	60
city1100123	unique11001	2016-11-01 04:00:00	2	20	13	3	0.6	65
city1100123	unique11001	2016-11-01 05:00:00	2	35	16	2	0.6	64
city1100123	unique11001	2016-11-01 06:00:00	2	33	14	2	0.7	62
city1100123	unique11001	2016-11-01 07:00:00	2	36	17	2	1	62

续表

城市	唯一代码	时间节点	O_3	PM10	PM2.5	SO_2	CO	NO_2
city1100123	unique11001	2016-11-01 08:00:00	2	41	21	3	1.1	64
city1100123	unique11001	2016-11-01 09:00:00	3	42	19	8	1.1	68
city1100123	unique11001	2016-11-01 10:00:00	10	37	23	8	0.8	63

1. 目标

(1) 建模任务.

目标是针对某地区空气质量的相关数据进行特征提炼，使用聚类分析进而确定污染排放区域. 下面从监测站点采集的数据出发，总结出信息和约束条件，并建立符号系统，用数学语言表达，具体情况如表 7.15 所示.

表 7.15 “城市污染排放问题”的信息和约束条件、符号系统、数学语言

信息和约束条件	监测时间与 O_3，PM10，PM2.5，SO_2，CO，NO_2 浓度
符号系统	工作时间(9:00—18:00)AQI 值持续时间$\text{work}_{\text{num1}}$
	凌晨时间(22:00—7:00)AQI 值持续时间$\text{night}_{\text{num1}}$
	L 天内区域每天 AQI 的均值aqi_{num1}
数学语言	$\text{work}_{\text{num1}} = \frac{1}{L}\sum_{j=1}^{L}\sum_{i=1}^{T}\text{work\_num1}_{ij}$ $\text{night}_{\text{num1}} = \frac{1}{L}\sum_{j=1}^{L}\sum_{i=1}^{T}\text{night\_num1}_{ij}$ $\text{aqi}_{\text{num1}} = \frac{\text{AQI\_num1}}{L}$

注：AQI 指空气质量指数，air quality index 的缩写.

(2) 选定角色.

“城市污染排放问题”可能涉及的角色如表 7.16 所示，对于工厂企业，保证尽可能多的盈利且排放的废气符合规定，是企业的重要目标；而对于环保监测员，监督废气排放，保证空气质量才是关键.

表 7.16 “城市污染排放问题”可能涉及的角色

角色	角色任务	角色技能	角色目标
工厂企业	控制废气生成和排放	产生、排放废气	盈利且废气排放符合规定
环保监测员	判别空气质量	查询、整理空气数据	以空气质量为依据稽查企业偷排行为

根据“城市污染排放问题”在日常生活中发生的频率，在此选定“环保监测员”为角色，以监测站点为场景，讨论城市污染排放的问题.

(3) 确定场景.

在选定“环保监测员”这一角色后，我们需要对场景做一些必要的描述和假设.

文字表述：一个环保重点城市为进行空气监测设立若干个污染监测站点，站内安装有多参数自动监测仪器做连续自动监测，将监测结果实时存储并加以分析后得到相关的数据. 根据相关规定，场景框架描述如表 7.17 所示.

表 7.17　场景框架描述

污染监测站点原则上应设在可能对人体健康造成影响的污染物高浓度区，以及主要固定污染源对环境空气质量产生明显影响的地区
污染监测站点依据排放污染源的强度和主要污染项目布设，应设置在污染源主导风向和第二主导风向(一般采用污染最重季节的主导风向)的下风向的最大落地浓度区内，以捕捉到最大污染特征为原则进行布设
对于固定污染源较多且比较集中的工业园区等，污染监测站点原则上应设置在主导风向和第二主导风向(一般采用污染最重季节的主导风向)的下风向的工业园区边界，兼顾排放强度最大的污染源及污染项目的最大落地浓度
地方环境保护行政主管部门可根据监测目的确定点位布设原则增设污染测控站点，并实时发布监测信息

(4) 确定角色目标、评价目标.

以“环保监测员”为角色，角色目标为得到空气质量评价，稽查企业偷排行为. 因此，需要对空气质量建立评价目标.

AQI 是判断空气质量的评价目标，是定量描述空气质量状况的无量纲指数. 其数值越大、级别和类别越高、表征颜色越深，说明空气污染状况越严重，对人体健康的危害也就越大. 参与空气质量评价的主要污染物为臭氧(O_3)、可吸入颗粒物(PM10)、细颗粒物(PM2.5)、二氧化硫(SO_2)、一氧化碳(CO)、二氧化氮(NO_2)六项.

根据单项污染物的实测浓度值可得空气质量分指数(individual air quality index，IAQI)公式为

$$\mathrm{IAQI}_P=\frac{\mathrm{IAQI}_{\mathrm{Hi}}-\mathrm{IAQI}_{\mathrm{Lo}}}{BP_{\mathrm{Hi}}-BP_{\mathrm{Lo}}}(C_P-BP_{\mathrm{Lo}})+\mathrm{IAQI}_{\mathrm{Lo}},\tag{7.19}$$

其中 IAQI_P 为污染物项目 P 的空气质量分指数，C_P 为污染物项目 P 的质量浓度值，BP_{Hi} 为与 C_P 相近的污染物浓度限值的高位值，BP_{Lo} 为与 C_P 相近的污染物浓度限值的低位值，$\mathrm{IAQI}_{\mathrm{Hi}}$ 为与 BP_{Hi} 对应的空气质量分指数，$\mathrm{IAQI}_{\mathrm{Lo}}$ 为与 BP_{Lo} 对应的空气质量分指数.

从各项污染物的 IAQI 中选择最大值确定为 AQI，即

$$\mathrm{AQI}=\max\{\mathrm{IAQI}_1,\mathrm{IAQI}_2,\cdots,\mathrm{IAQI}_n\}.$$

2. 因素

(1) 选定环节.

由图 7.23 所示的污染监测站点工作流程与环节可知，环保监测员对基于环保监测数据的城市污染排放模式分析的主要步骤如下：

① 从污染监测站点获取大气污染物浓度数据，进行脱敏处理后，抽取需要的数据；

② 以某时间段为例，进行数据挖掘分析，研究不同污染监测站点的污染物浓度，并进一步进行数据清洗和数据归约等预处理工作；

③ 利用步骤 ② 形成的已完成数据预处理的建模数据，基于不同污染监测站点的污染类型特点，进行排放模式的聚类操作；

④ 对聚类结果进行可视化，并分析步骤 ② 的数据，比较不同排放模式的特点，确定污染源头.

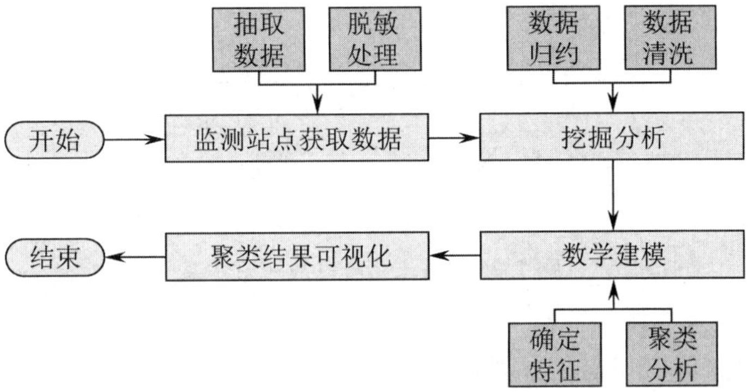

图 7.23　污染监测站点工作流程与环节

(2) 摸清主线.

以废气的“有害物质”为线索，可以追溯“空气质量评价”→“空气质量检测”→“废气检测点捕获”→“废气排放”这一逆过程，将这一过程反转即为确定污染排放区域这一建模任务的主线，具体过程如图 7.24 所示.

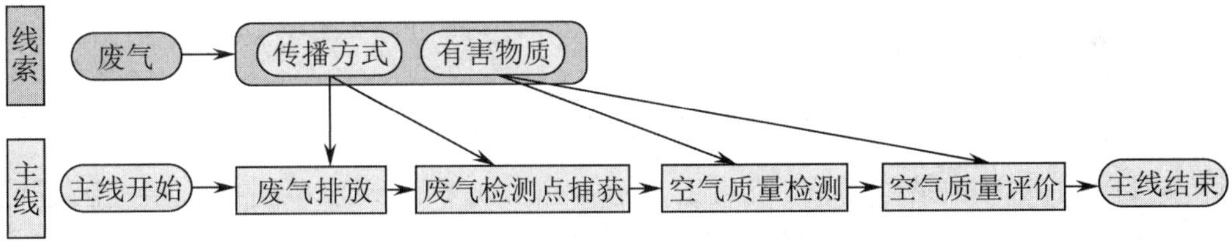

图 7.24　废气监测的主线和线索

(3) 确定因素、评价指标.

为了更好地分析污染排放模式，我们需要对“主要污染物的污染程度”这一因素进行描述. 选定因素评价指标为 O_3，PM10，PM2.5，SO_2，CO，NO_2 不同时间的污染物浓度 $N(x_i, t)$.

3. 规则

(1) 收集信息.

根据“环保监测员”角色与空气质量检测的问题，需要收集以下相关信息，获取知识，建立知识体系(见图 7.25)，内容如下：

① 大气学知识：了解污染废气在大气中传播的方式和过程；

② 工厂生产知识：知道工厂排放废气方式、时间、规模；

③ 化学知识：了解废气中化学物质传播中的变化情况，各种化学物质对环境危害程度；

④ 监测知识：了解污染监测站点收集信息的方式，中间环节信息的损失.

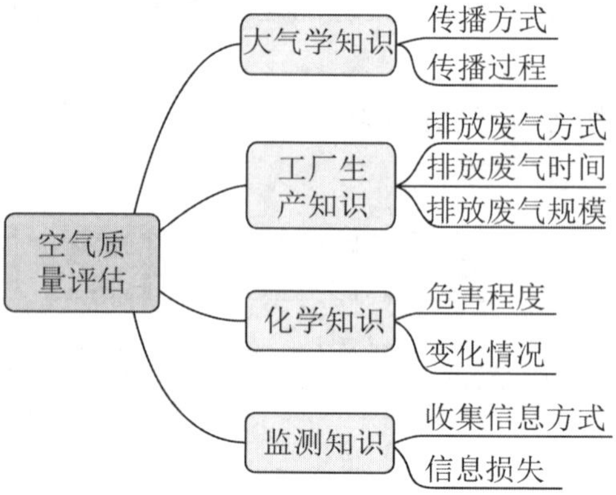

图 7.25　城市污染排放知识体系

(2) 提炼特征、表述规则.

通过收集的信息，可以知道以下规律：

① 白天工作时间大量工厂开工，道路行驶车辆也多，因此白天工作时间的污染持续排放应该会高于夜晚及凌晨.

② 若某地区夜晚及凌晨污染持续排放较大，甚至高于白天，那该地区就极可能存在偷排放现象.

基于以上分析，可建立以下三个特征：

① 工作时间 AQI 值持续时间：一般的工作时间为 9:00—18:00，该指标是指当区域每天的 AQI 峰值（$\mathrm{AQI}>200$）出现在 9:00—18:00 时，统计其持续时间，可表示为

$$\mathrm{work}_{\mathrm{num1}}=\frac{1}{L}\sum_{j=1}^{L}\sum_{i=1}^{T}\mathrm{work\_num1}_{ij}. \tag{7.20}$$

② 凌晨时间 AQI 值持续时间：凌晨指 22:00—7:00（第二天），该指标是指当区域每天的 AQI 峰值出现在 22:00—7:00 时，统计其持续时间，可表示为

$$\mathrm{night}_{\mathrm{num1}}=\frac{1}{L}\sum_{j=1}^{L}\sum_{i=1}^{T}\mathrm{night\_num1}_{ij}. \tag{7.21}$$

③ 平均 AQI 值：指 L 天内区域每天 AQI 值的均值，可表示为

$$\mathrm{aqi}_{\mathrm{num1}}=\frac{\mathrm{AQI\_num1}}{L}. \tag{7.22}$$

以单个站点为例，记为 num1. 第 j 天，站点 num1 的 AQI 峰值出现在工作时间，并持续了 i 小时，记为 $\mathrm{work\_num1}_{ij}$. 站点 num1 的 AQI 峰值出现在凌晨时间，并持续了 i 小时，记为 $\mathrm{night\_num1}_{ij}$. 站点 AQI 值记为 AQI_num1.

由于变量之间的量纲各不相同，在模型计算过程中，可能会对模型结果产生一定影响，因此在分析前可对变量进行无量纲预处理. 这里使用小数定标标准化，标准化公式为

$$x^{*}=\frac{x}{10^{k}}, \tag{7.23}$$

其中 k 为移动属性值的小数位数，移动的小数位数取决于属性值绝对值的最大值. 标准化保留了原数据存在的关系，将数值映射到$[-1,1]$范围内.

对上面得到的特征数据进行标准化，结果如表 7.18 所示.

表 7.18　数据标准化

唯一代码	平均日间污染持续时间	平均夜间污染持续时间	平均 AQI
unique11001	0.27	0.35	0.26
unique110010	0.37	0.47	0.51
unique110011	0.18	0.3	0.22
unique110012	0.14	0.15	0.16
unique110013	0.2	0.19	0.19
unique11002	0.19	0.14	0.14
unique11003	0.32	0.49	0.47
unique11004	0.35	0.42	0.41
unique11005	0.26	0.46	0.3
unique11006	0.26	0.48	0.45

(3) 建立模型或规则.

基于建立的三个特征，对城市进行排放模式 K - means 聚类分析，探究不同城市的排放模式，即通过排放模式判断是否存在偷排放现象.

定义 K - means 算法的目标函数为

$$J(c,\mu)=\sum_{i=1}^{m}\| x^i-\mu_c^i \|^2, \tag{7.24}$$

其中 x^i 为样本数据，μ_c^i 为样本数据的聚类中心. 对目标函数用梯度下降法求解，可以得到样本数据的聚类中心函数 V_j.

K - means 聚类分析算法步骤如下：

① 随机选取 k 个聚类中心为 $v_1, v_2, \cdots, v_k$.

② 重复以下过程直至目标函数收敛：

对于每一个样本 x^i，计算其应属的类

$$c^i=\operatorname{argmin}\| x^i-v_j \|^2; \tag{7.25}$$

对于每一个类 j，重新计算该类的聚类中心

$$\mu_j=\frac{\sum_{i=1}^{m}1\{c^i=j\}x^i}{\sum_{i=1}^{m}1\{c^i=j\}}. \tag{7.26}$$

最终得到的 c^i 即为样本 x^i 的标签.

聚类结果如图 7.26 所示.

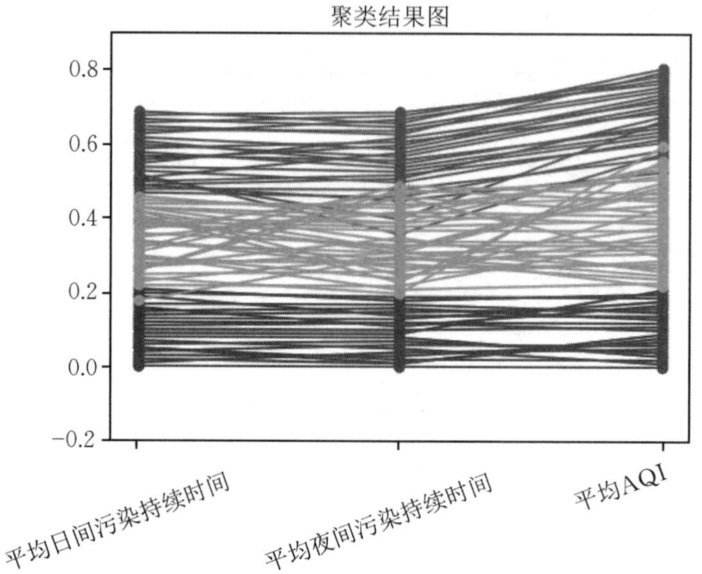

图 7.26　聚类结果

对聚类结果明显的站点进行偷排放分析，因为类别 1 和类别 2 整体平均 AQI 较大，所以将这两类的站点作为主要研究对象. 定义识别偷排放规则：平均夜间污染持续时间大于平均日间污染持续时间的区域判别为潜在偷排放区域. 由表 7.19 可知潜在偷排放区域类别为黄色.

表 7.19　潜在偷排放区域

唯一代码	平均日间污染持续时间	平均夜间污染持续时间	平均 AQI	聚类类别
unique11001	0.27	0.35	0.26	黄色
unique110010	0.37	0.47	0.51	黄色
unique110011	0.18	0.3	0.22	黄色
unique11003	0.32	0.49	0.47	黄色
unique11004	0.35	0.42	0.41	黄色
unique11005	0.26	0.46	0.3	黄色
unique11006	0.26	0.48	0.45	黄色
unique11007	0.22	0.22	0.35	黄色
unique11008	0.31	0.46	0.42	黄色
unique11009	0.23	0.3	0.25	黄色
unique120071	0.44	0.44	0.46	黄色
unique120077	0.48	0.48	0.57	绿色
unique120078	0.43	0.41	0.39	黄色

续表

唯一代码	平均日间污染持续时间	平均夜间污染持续时间	平均 AQI	聚类类别
unique130130	0.63	0.67	0.78	绿色
unique130131	0.64	0.64	0.75	绿色
unique130133	0.66	0.68	0.79	绿色
unique130134	0.68	0.69	0.77	绿色
unique130449	0.56	0.6	0.74	绿色
unique130450	0.51	0.58	0.71	绿色
unique130451	0.55	0.62	0.72	绿色
unique130452	0.49	0.51	0.68	绿色
unique130520	0.5	0.52	0.61	绿色
unique130663	0.59	0.61	0.69	绿色
unique130958	0.28	0.29	0.38	黄色
unique130959	0.25	0.26	0.36	黄色
unique131043	0.27	0.31	0.27	黄色

4. 验证

根据建立起的评价准则，可以将数据代入验证结果，结果如表 7.20 所示，聚类类别符合实际类别，说明模型较为可靠.

表 7.20 潜在区域验证结果

唯一代码	平均日间污染持续时间	平均夜间污染持续时间	平均 AQI	聚类类别	实际类别
unique11001	0.27	0.35	0.26	黄色	黄色
unique110010	0.37	0.47	0.51	黄色	黄色

5. 预测

对于一个新监测站点的数据，可以使用模型对该监测站点附近的空气质量进行污染等级判别，预测结果如表 7.21 所示.

表 7.21 潜在区域预测结果

唯一代码	平均日间污染持续时间	平均夜间污染持续时间	平均 AQI	预测类别
unique11011	0.27	0.35	0.26	黄色

污染重心迁移分析这一应用，可以定义为从大气污染物数据中计算同一时刻不同城市的 AQI 峰值，以 AQI 峰值最大的城市作为那个时刻的污染重心，分析一段时间的污染重心迁移轨迹，挖掘迁移模式的过程. 污染重心迁移分析可以帮助环保部门分析大气污染的时空变化规律，从而制定预警及应对措施，降低大气污染对人类生活的影响.

§7.4　基于深度学习与图像处理的零件识别

工业 4.0 时代,传统制造模式需要向自动化生产模式进行转变,转向智能制造. 机械臂是工业领域常见的设备,是智能制造的重要发展方向. 机械臂能够大大降低人力,提高生产效率,为实现自动化的零件抓取,需要使用深度学习与图像处理技术先识别出零件,然后对识别的零件进行抓取.

工作台需要部署机械臂、安置工业摄像头、放置两个盒子(盒子里面放置零件),如图 7.27 所示.

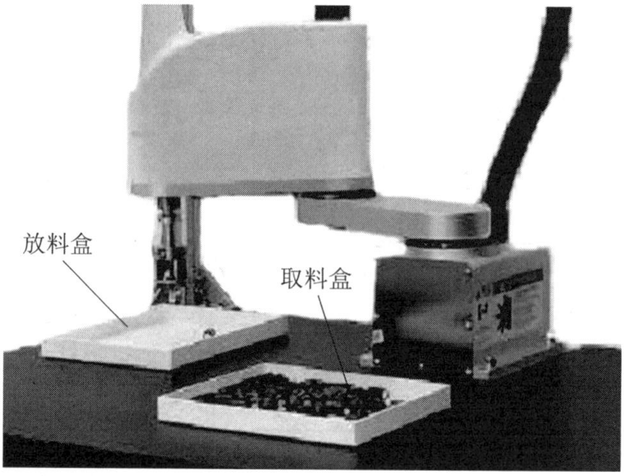

图 7.27　工作台

1. 目标

(1) 建模任务.

目标是针对零件图像进行特征提炼,使用深度学习算法进行图像识别. 下面从采集到的图像数据出发,总结出信息和约束条件,并建立符号系统,用数学语言表达,具体情况如表 7.22 所示.

表 7.22　"零件图像识别问题"的信息和约束条件、符号系统、数学语言

信息和约束条件	各种类型的零件的图像信息
符号系统	设各种类型的零件的图像为输入层神经元 x_i,图像的零件类型属性为输出层神经元 y_i,图像与零件类型间的关系为隐藏层神经元 b_i

续表

数学语言	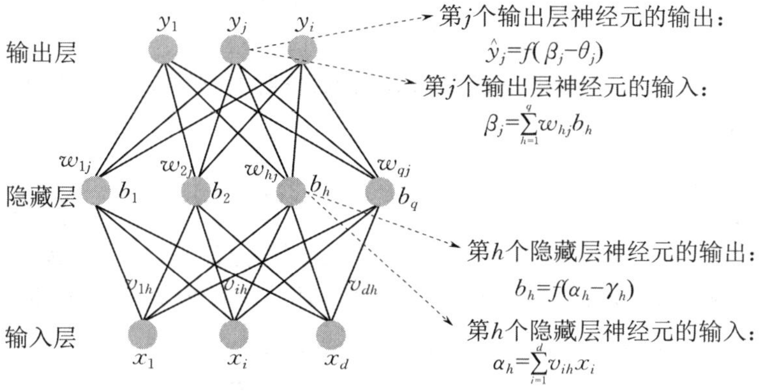

（2）选定角色.

零件图像的识别、抓取这一问题可能涉及的角色，有“工厂老板”“研发人员”“维护工人”等，他们的角色目标、技能、任务各有异同. 如表 7.23 所示，投资机械臂设备，大大降低人力成本，提高生产效率，实现自动化的零件抓取，这是“工厂老板”想看到的；机械臂研发的过程需要专业“研发人员”进行设备设计制造，设计出符合规定的机械臂设备；设备的后续维护保养，需要“维护工人”来完成.

表 7.23　“零件图像识别问题”可能涉及的角色

角色	角色任务	角色技能	角色目标
工厂老板	投资机械臂设备	工厂运营指挥	提高生产效率、降低成本
研发人员	训练机器图像识别	算法应用研发能力	保证零件类型识别精度
维护工人	维护设备	维护、保养技能	确保机器平稳运行

根据“零件图像识别问题”发生的频率，在此选定“研发人员”为角色，并以工厂为场景，讨论实际环境下机器的图像识别问题.

（3）确定场景.

在选定“研发人员”这一角色后，我们需要对工厂和设备场景做一些必要的描述和假设.

文字表述：某工厂由于其产品零件形状特殊，引进的机械臂并不能有效地识别零件. 工厂老板请研发人员来制订一套适应于本工厂零件的识别系统. 机械臂设备可简化为图 7.27，所有待识别抓取的零件都平铺在取料盒中，无相互遮挡，机械臂一次只能抓取一个零件. 机械臂摄像头位于取料盒的正上方，对零件拍摄的图像大约为 100×100 像素. 场景框架描述如表 7.24 所示.

表 7.24　场景框架描述

取料盒中放着很多零件，机械臂一次只能抓取一个零件至放料盒
以零件中心作为参考点，一个零件在拍摄的图像中占据大约 100×100 像素，因此可以将机器判断并识别零件的过程抽象为一个二分类问题，即大小为 100×100 像素的图像中是否包含一个完整的零件
零件平铺在取料盒中，不存在零件相互遮挡影响摄像头运行的情况
机械臂垂直放于取料盒上方，拍照视角、光影造成的影响忽略不计

(4) 确定角色目标、评价目标.

以“研发人员”为角色，角色目标是保证图像类型识别精度. 根据“研发人员”的技能，可以确定其任务为训练机器进行图像识别.

为了表述角色目标，可将识别的准确率作为角色目标的评价目标. 当准确率越高时，图像类型识别精度越高，这是图像识别的评价准则.

2. 因素

(1) 选定环节.

图 7.28 展示了机械臂抓取零件的流程和环节，需要经过流程“拍摄图像”→“切割图像”→“分类算法”→“抓取零件”. 顺序经历四个环节，每个环节又可分为各个小环节，如“抓取零件”可细分为“零件判定”“抓取方式”等平行环节.

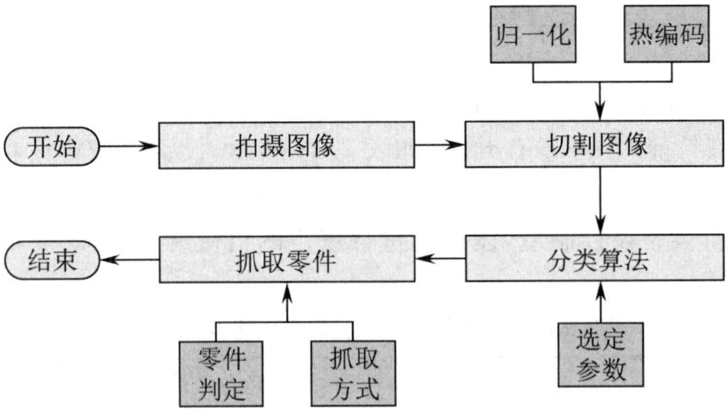

图 7.28　机械臂抓取零件的流程与环节

(2) 摸清主线.

以“图像特征”为线索，可以得到如图 7.29 所示的主线，步骤如下：

① 读取图像数据文件；

② 对 ① 中形成的两个图像数据集(测试集和训练集) 进行预处理，包括图像下采样、归一化、展平、标签热编码以及提取方向梯度直方图(histogram of oriented gradient，HOG) 特征等操作；

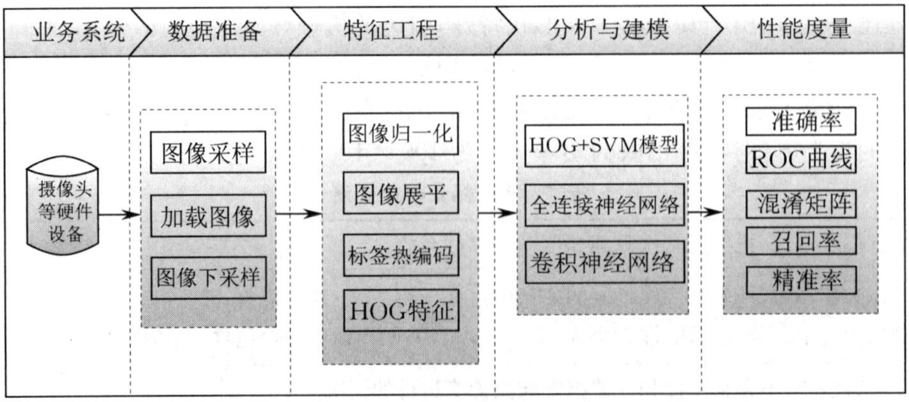

图 7.29　零件识别主线

③ 利用 ② 中预处理之后的图像数据构建二分类模型；

④ 利用 ③ 中构建好的二分类模型对测试集的图片进行预测，并进行性能度量，如准确率、接受者操作特征(receiver operator characteristic，ROC) 曲线等.

(3) 确定因素、评价指标.

图像的颜色特征、纹理特征、形态特征、空间关系特征等都可作为影响识别的因素，这里以纹理特征和形态特征为例.

纹理特征是一种全局特征，它描述了图像或图像区域所对应景物的表面性质. 针对纹理特征，可用灰度共生矩阵表述纹理特征.

各种基于形态特征的检索方法都可以比较有效地利用图像中感兴趣的目标来进行检索，但它们也有一些共同的问题：① 当目标有变形时检索结果往往不太可靠；② 许多形态特征仅描述了目标局部的性质，要全面描述目标常对计算时间和存储量有较高的要求. 针对形态特征，可用边界特征法来获取图像的形态参数. 边缘直方图算法是其中的经典方法.

3. 规则

(1) 收集信息.

根据"研发人员" 角色与图像识别的问题，需要收集以下相关信息，获取知识，建立知识体系(见图 7.30)，内容如下：

① 图像识别知识：了解图像识别的原理和常用方案；

② 零件知识：了解任务中零件的特征和类别；

③ 影像知识：了解设备拍摄的方式以及拍下后的图像特征；

④ 器械知识：了解机器的运行原理和操作方式.

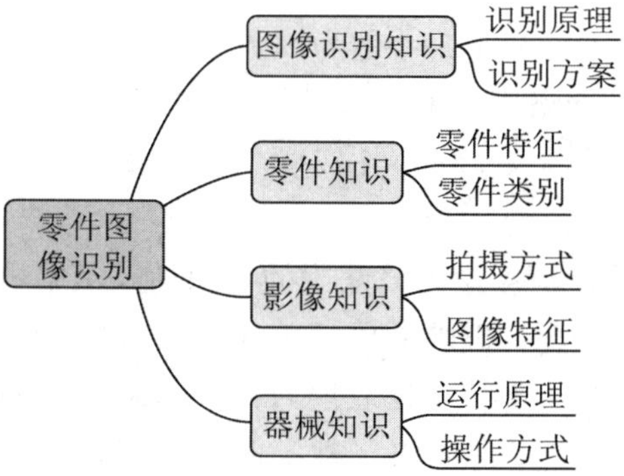

图 7.30 零件图像识别知识体系

(2) 提炼特征、表述规则.

纹理特征的灰度共生矩阵法：图像中的任意一点(x,y)与偏离它的一点$(x+a,y+b)$(其中 a，b 为人为定义的整数) 构成点对. 设该点对的灰度值为(f_1,f_2)，若图像的最大灰度级为 L，则 f_1 与 f_2 的组合共有 $L\times L$ 种. 对于整张图像，统计每一种(f_1,f_2) 值出现的次数，然后排列成一个方阵，用(f_1,f_2) 出现的总次数将它们归一化为出现的概率 $P(f_1,f_2)$，由此产生灰度共生矩阵.

边缘直方图算法：图像灰度化后，进行边缘算子(如 Sobel 算子) 运算，得到点(x,y) 的 $\mathrm{d}x$ 和 $\mathrm{d}y$，计算各个像素的边缘方向 $\theta(x,y)=\underset{\theta}{\arctan}\dfrac{\mathrm{d}x}{\mathrm{d}y}$. 而后将边缘方向值进行量化，从 $0^\circ\sim180^\circ$ 量

化到 $0^\circ \sim 36^\circ$，最后将边缘方向值 θ 进行直方图统计并归一化.

（3）建立模型或规则.

采用卷积神经网络算法，对机械臂摄像头进行训练.

图 7.31　裁剪得到的图像

① 图像裁剪. 首先要处理的是图像采集工作，使用摄像头拍摄零件，采集得到零件图像，对图像进行灰度处理. 为提取大小为 100×100 像素的图像，随机生成图像左上角的点，加上预设立的长度是 100 像素，就得到大小为 100×100 像素的图像. 因此需要先将像素点随机生成位置限制在原图像长宽各减 100 像素的范围之内，以确保每个位置都可以裁剪到大小为 100×100 像素的图像，可参考如图 7.31 所示的图像. 根据选取的图像的左上角点的坐标以及预设置的长度，得到图像像素中心点坐标，并将像素中心点转变为物理中心点，如果物理中心点在机器移动空间范围内，就裁剪该图像.

在模型的使用阶段，图像的采集稍微不同，每次预测，都裁剪出 2 000 张图像，目的是确保每次都能有图像存在零件.

② 归一化处理. 裁剪完图像后，还需要对图像进行归一化处理. 图像的像素值在 $0 \sim 255$，对像素值进行归一化，可以防止放射变换和几何变换的影响，在训练神经网络模型时，加速梯度下降方法求解最优解的速度. 归一化的方法有两种：一种是 min_max 标准化，也称为离差标准化，是对原始数据的线性变换，使结果值映射到 $0 \sim 1$；另一种是 Z-score 标准化，这种方法给予原始数据的均值和标准差进行数据的标准化. 经过处理的数据符合标准正态分布，即均值为 0，标准差为 1.

由于图像像素值的范围在 $0 \sim 255$，最小值为 0，最大值为 255，因此此处采用离差标准化方法.

③ 标签热编码. 使用神经网络模型解决分类问题时，为了让输出更加规范，通常需要对标签进行独热编码. 将标签转换成[1,0] 和[0,1] 这样的热编码格式，预测时在对应位置输出某一类别的概率值.

④ 构建卷积神经网络. 采用深度学习算法中的卷积神经网络进行图像分类. 卷积神经网络是一种前馈神经网络，人工神经元可以响应周围单元，可以进行大型图像处理. 一般地，卷积神经网络的基本结构包括两层：其一为特征提取层，每个神经元的输入与前一层的局部接受域相连，并提取该局部的特征，一旦该局部的特征被提取后，它与其他特征间的位置关系也随之确定；其二是特征映射层，网络的每个计算层由多个特征映射组成，每个特征映射是一个平面，平面上所有神经元的权值相等. 特征映射结构采用 ReLU 函数作卷积网络的激活函数. 此外，由于一个映射面上的神经元共享权值，因此减少了网络自由参数的个数. 卷积神经网络中的每一个卷积层都紧跟着一个求局部平均与二次特征提取的计算层，这种特有的二次特征提取结构减小了特征分辨率.

卷积神经网络不需要对图像进行展平操作，是因为卷积操作需要保留空间位置信息. 同时，也不需要进行图像下采样，是因为卷积神经网络拥有池化层，能够减小图像特征图大小，减小内存开销，加快计算.

按照正负样本占比抽取 80% 作为训练样本，剩下的 20% 作为测试样本. 使用 TensorFlow

框架搭建模型，模型结构如图 7.32 所示，包括卷积层、池化层、连接层.

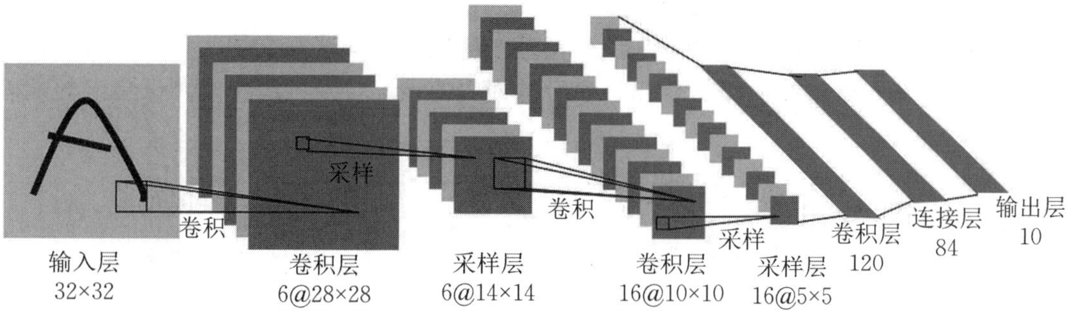

图 7.32　卷积神经网络模型结构

卷积神经网络的前向传播包括卷积层和池化层. 卷积层使用卷积核在输入图像上滑动，将图像跟卷积核重叠的部分对应相乘然后求和，卷积核可以设置大小，以及滑动的步长. 当设置 padding 为 same 时，卷积之后输出的特征图大小跟输入是一致的. 卷积层的主要作用是提取特征，卷积层的叠加可以提取低维到高维的特征，卷积之后需要使用激活函数激活，通常也是使用 ReLU 函数. 接着还要进行池化，池化的过程跟卷积类似，需要在特征图上进行滑动，不同之处在于池化阶段并没有可学习的参数，仅仅是输出被滑过的特征图的平均值或最大值，所以产生了平均池化和最大池化，最大池化的效果要好于平均池化. 池化层的主要作用是对输入的特征图进行压缩，使特征图变小，简化网络计算复杂度，但是可能影响网络的准确度. 因此，可以适当增加特征图的深度进行弥补，如将深度增加到原来的两倍.

定义卷积和池化操作如图 7.33 所示.

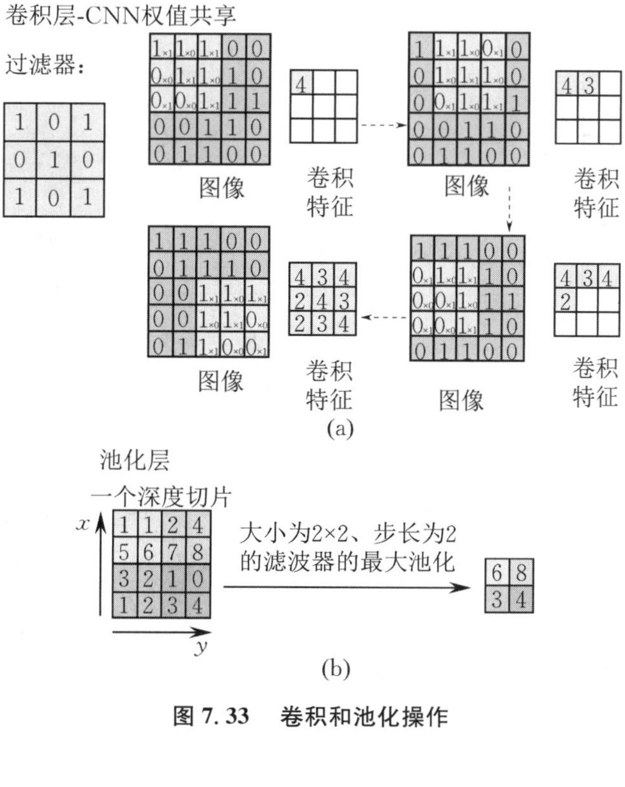

图 7.33　卷积和池化操作

模型结构初始化之后,使用训练数据集训练模型,更新参数,得到训练完成的神经网络.

4. 验证

使用测试数据集对模型进行评价,计算模型在测试集上准确率和损失值的情况.图 7.34 和图 7.35 所示为每经过 100 个迭代输出模型的损失值情况以及训练集和测试集上的准确率情况.

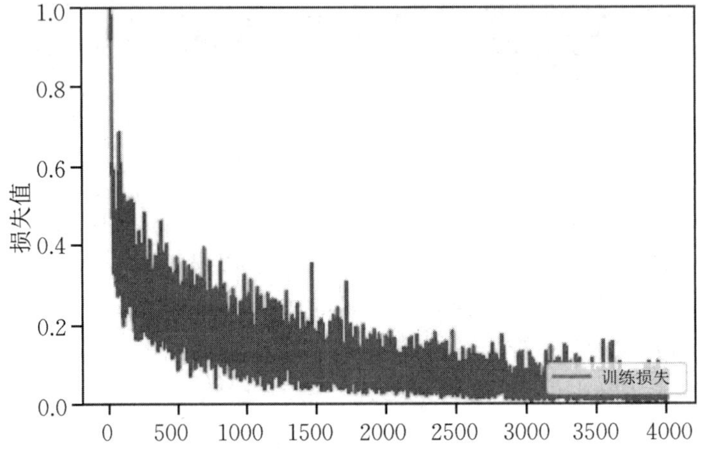

图 7.34　损失值情况

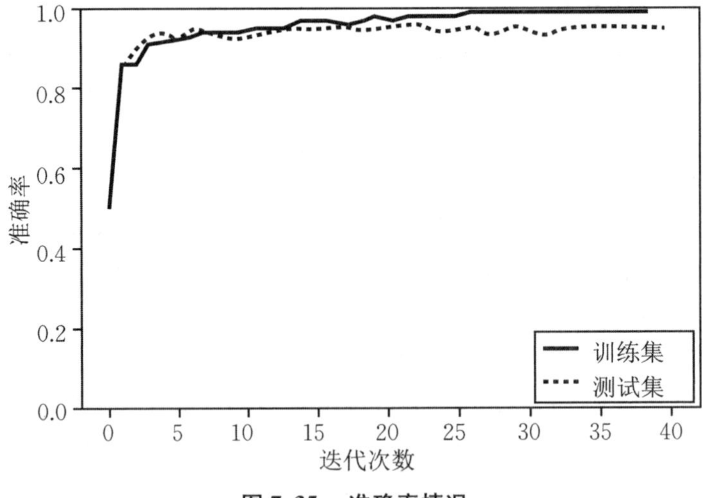

图 7.35　准确率情况

模型训练过程中损失值随着迭代次数的增加逐渐减小,训练集和测试集的准确率都超过 0.9,表明模型收敛情况良好,没有存在过拟合问题.

除准确率外,还可用 ROC 曲线、混淆矩阵、精准率及召回率等指标对模型进行性能评估和验证.卷积神经网络模型在测试数据集上绘制 ROC 曲线,如图 7.36 所示.

根据模型的准确率、ROC 曲线、精准率、召回率及 F1 值$\left(F_1=\dfrac{\text{精准率}\times\text{召回率}\times 2}{\text{精准率}+\text{召回率}}\right)$,如表 7.25 所示,可见卷积神经网络表现效果好.

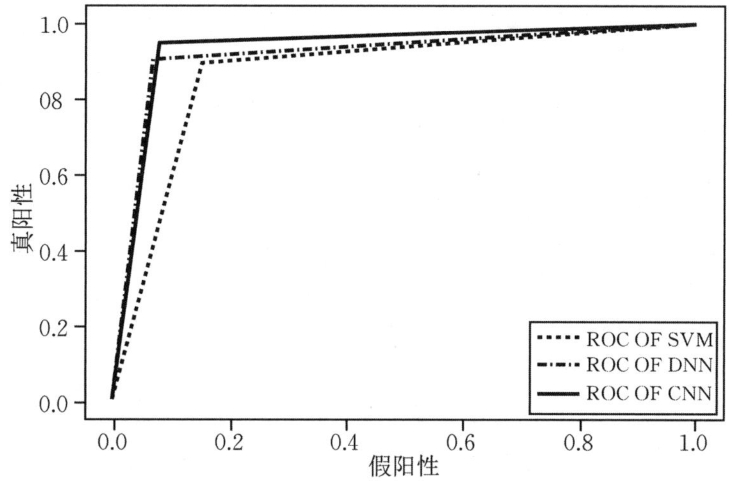

图 7.36　基于 SVM,DNN,CNN 的 ROC 曲线

表 7.25　性能对比

模型	性能指标				
	准确率	ROC	精准率	召回率	F1
卷积神经网络	0.935	距左上角最近	0.920	0.949	0.934
深度神经网络	0.919	适中	0.898	0.942	0.919
支持向量机	0.823	较差	0.780	0.775	0.777

5. 预测

对于一张新的零件图像,可以将其导入卷积神经网络,得到其预测类别.

第四部分

数学建模题集

第 8 章

数学建模考核任务课题

本章根据数学建模五要素法，收集了一些任务课题，从实事、新闻、生活等信息源中提炼出了相当多的数学建模考核素材.

数学建模培养学生在实际问题中的数学应用意识、训练学生把科技、社会等领域中的实际问题按照既定的目标归结为数学形式，以便于用数学方法求解得出更深刻的规律和属性，以提高学生数学建模素质.

§8.1 关于世博会影响的数学建模

1. 背景

世博会是人类的聚会，更是人类文明的驿站. 作为全球性的盛会，世博会用一个主题在半年时间内将几百个参展方、数千万宾客聚集在一起，没有其他人类活动能如此地凝聚社会. 在全球化的今天，世博会是最大的多元文化交流平台，成为全球经济、科技和文化领域的盛会，成为各国人民总结历史经验、交流聪明才智、体现合作精神、展望未来发展的重要舞台.

人类文明的进步和生活的改善离不开精彩的创意，而世博会鼓励创新，世博会的一句经典口号就是"一切始于世博会"，即创新是世博会的灵魂. 从 1851 年开始举办第一届世博会，一百多年来，每一届世博会，都是人类一段历史时期内新思想、新文化、新科技、新创造和新成果的集中展示.

世博会集人类文明之大成，更是文明成果最公认的集中展示平台，世博会见证了电报机、留声机、尼龙、塑料、磁带录音机、电视机、摄像机、电梯、白炽灯、钢筋混凝土等人类重大发明的诞生全过程，并随着首次展出收音机、电话、电视机等传播及通信设备，将人类送入了信息时代. 从电灯、电话、蒸汽机、汽车、火车、飞机到航天器，许多新技术、新产品都是在世博会上第一次"亮相"并被人们认识，从而得到普及推广的. 人类社会的诸多科技成就与发明创造，亦是通过世博会这一特殊的舞台得以展示并走进人们的生活，使人们的生活变得更加美好.

世博会既是一个展示各国文化、科技、经济的舞台，同时也是人类共同探求社会未来发展的沟通交流平台. 世博会的主办方、参展方和参观者一起围绕世博会主题，针对人类社会在发展中面临的问题和挑战，共同进行探讨和思索. 世界上具有前瞻性的发展理念，和当今社会实践中成功的探索都汇聚在世博会中. 这些理念、探索和实践，通过世博会的集中展示、交流和碰撞，获得了更为深刻、更为迅速、更为广泛的传播. 因此说，一届成功的世博会，可以推动人类文明在更高层次的实践活动，对人类文明、世界未来的发展带来深远的影响.

2. 任务

自选一个世博会影响力主题（如客流量、交通发展、低碳等）作为副标题，并收集历届世博会相关主题数据，建立相关影响力评价指标与影响力影响因素数学模型，并在影响力分析的基础上提出观点与主张.

在研究中依次考虑下述问题：

(1) 影响力评价指标和评价目标.

(2) 影响力的主线和影响因素.

(3) 建立评价指标与影响力影响因素关系模型和规则.

(4) 以相关主题数据验证所建立的模型和规则.

(5) 检验模型是否具有应用性并考虑如何体现其价值.

3. 数据

数据主要从网上收集,需说明数据来源.

§8.2　2012年云南干旱损失评估

1. 背景

烈日炙烤!水库见底!河水断流!水井干涸!良田变焦土!云南备受干旱的煎熬!连日来,记者行走于云南的多个山村、水库、农田,实地采访这场干旱给当地生产生活带来的影响.

连续3年干旱,已造成云南631.83万人受灾,已有242.76万人、155.45万头大牲畜出现不同程度饮水困难;全省直接经济损失23.42亿元,其中农业损失22.19亿元.

保供水、保民生成为云南各级政府当下的头等大事.据悉,目前云南省已有195万人(次)投入抗旱救灾,投入2 590眼机电井、2 124处泵站、8.89万台(套)抗旱机动设备,临时解决了315.4万人、155万头大牲畜饮水困难,临时浇灌农田197.33千公顷.

喀斯特地貌造就了石林的美誉,然而,连续3年的旱情,这种不积水的地层却让当地农民焦渴难耐.干旱造成石林全县4万余人饮水困难.据悉,截至1月29日,全县81座小型水库坝塘已干涸32座,600余公顷庄稼绝收.总库容196.7万立方米的圆湖水库如今水面不到原来的1/3,而新坝水库则完全干枯,绿水塘村的大水塘已经变成了一个大操场,村民可以在里面开拖拉机.

当地村民介绍,自去年6月以来石林就没有过有效降雨,每天只能去8千米外的地方取水.石林县圭山镇的村民告诉记者,他们去镇上的加油站等地方拉水,每吨水要7元,再加上来往油费,一吨水差不多要30元.

在罗平县九龙镇的湖底村附近,记者随处可以看到,几乎每一家的房顶上都有一个方形的水窖.正在刨地的尹莲翠告诉记者,他们村子现在吃水很困难.自来水上不来,自家的水井又不出水,他们只好将自家房顶建成可以储水的小水窖,每次下雨的时候,积蓄一些雨水,以后的日子就吃这些水."有的家庭房顶上的水也早就吃完了,要跑很远拉水."

阿岗镇位于罗平县城西北部,在前两年的干旱中,这里是罗平县的重点抗旱区.阿岗镇法郎村地处半山坡,村子里的3口水窖只剩下1口有水,黑乎乎的水仅仅能盖住水窖底部.正在水窖边洗衣服的大嫂告诉记者:"村子里面的3口水窖都已经完全干枯,一根细细的水管成了全村人赖以生存的水源."

目前,旱灾已造成云南631.83万人受灾.截至2月中旬,专家们在云南首次运用国际领先的物探设备寻找地下水.目前,云南省国土资源厅已组织79台钻机开展地下找水工作,施工深井79口,已成井验收20余口,日出水量6 300余立方米,缓解了8.5万余人的饮水困难.

受干旱影响最严重的是农业部门,目前该省面临着农作物减产、绝收、经济损失不断扩大的局面.因干旱造成大春农作物受灾面积达651.08千公顷,成灾面积达376.17千公顷、绝收面积达62.48千公顷,全省直接经济损失23.42亿元,其中农业损失22.19亿元.

"小麦已经基本上绝收了."石林县蒲草村村民老杨看着枯黄的麦苗告诉记者."你看看这

长势，到现在了还漫不过脚脖子，怎么会结籽呢?”阿路山村村民任建红夫妇干脆将还有点青叶的豆苗通通拔出，准备回家喂牛.

久不下雨对农业的影响极其严重，然而，相比之下，省内糖业的受害程度更大过别的农作物.云南省是中国第二大蔗糖产区，常年甘蔗种植面积300余千公顷.持续干旱已经导致云南省近九成蔗区受灾，确定受灾面积已达26.67千公顷，预计影响甘蔗产量150万吨.

2月16日，记者在德宏州龙川蔗区看到大片大片的甘蔗还在田里没有收割，很多甘蔗已经开花.蔗农张德高告诉记者，当前是种植、生产的高峰期，许多糖厂由于供货充足，无法一下子完全收购，就让蔗农分块收割，大量的甘蔗在田地里来不及收割，很多甘蔗在田里开花.甘蔗开花，甘蔗的糖分会降低，影响榨糖质量.一般情况下，蔗农会在甘蔗开花前砍下榨糖，糖厂也会要求蔗农在甘蔗开花前砍下榨糖，但由于糖厂无法一下子收购太多，只好眼睁睁地看着损失一天天扩大.

干旱还将导致春玉米、马铃薯等无法播种，影响整体收成.另外，云南特色经济作物烤烟目前应该开始育苗，但干旱可能导致烤烟推迟移栽，影响烟农收入.

连续3年的大旱，让云南人体会到了“水贵如油”.然而，记者在采访中发现，有些吃水非常困难的村子里，几乎见底的池塘里、小溪边，仅剩的一点点水已经被严重污染.各种生活垃圾堆积如山，塑料袋、饮料瓶甚至医疗垃圾都在侵蚀着水塘.

在罗平县阿岗镇的法郎村，记者看到村子的一个大池塘已经接近干枯，位于池塘中间不到3平方米的水面也变成了墨绿色，各种颜色的塑料袋漂浮在水面上.池塘岸边，一堆堆的生活垃圾如同小山包.更令人震惊的是，紧挨着池塘边的是一间村卫生所，卫生所门口正对着池塘，各种医疗垃圾随处可见，输液管、一次性针管、用过的棉球等，直接倾倒在池塘岸边.

距离池塘不到5米就是村子里的一个水窖，水窖底部一半干枯，另一半剩下一点点水.一位阿婆站在水窖边，用水桶一下一下地剐着仅剩的一点水.“这个水塘以前很多水的，水也很清，村里的小孩子都可以在里面洗澡抓鱼.现在，你看看都变成什么样子了!”阿婆指着被污染的池塘痛心地说.

在罗平县的牛街镇附近，一条小溪从村子边流过，小桥的下面，宽阔的河床和狭窄的水面上垃圾遍布.村民告诉记者，这条河以前是很宽阔的，村民在田间干活，渴了就可以直接喝里面的水.现在，水不仅少了，还被严重污染，都不敢用这些水喂牛了.

在干旱的云南，农村水污染现象不仅仅是罗平县的几个村子.在石林县，记者同样看到不少山村的河流池塘被污染，有的是被生活垃圾污染，有的是被小工厂的污水侵蚀.水污染和干旱一道严重威胁着农村饮水安全.

据报道，截至2010年年底，云南全省农村饮水不安全人口达1 240万人，其中75%集中在山区、半山区.由于环境治理“重城市轻农村”，绝大多数环保资金都投向城市和工业治理污染，农村成为被遗忘的角落.

水库见底、庄稼枯死、吃水困难……这样的情况早在2010年时便出现.当年3月视察旱情的温家宝总理表示:抗旱基础设施建设滞后，水源工程不足，灌溉设施不配套，山区人畜饮水困难，是地区经济社会发展的突出问题.如今，问题依旧存在.

记者采访途中，随处可见公路两边的田地里分布着大大小小的各种水窖，出租车司机说，这些水窖大都是近几年新修的.然而，这些水窖基本上都是干枯的，有的水窖里面脏兮兮的，成了

“垃圾桶”;更有甚者,水窖里面被填土种上了庄稼.而各种引水渠,也大多数是有渠没水.

“水渠没有水很正常.”路美邑村一位村民告诉记者:“水渠的水大都是从水库里面放出来的.现在,很多水库都已经见底了,即便没有见底的水库,水位也严重下降,根本无法供水.”

石林县长湖镇两位60多岁的阿婆每天都要步行1千米来到水窖取水.阿婆告诉记者,附近大部分水窖早就没有水了,只有这个有水,还是政府每天派人从水库运过来的,“这些水连吃都不够,更别说抗旱浇地了.”

云南省防汛抗旱指挥部2月26日的简报称,121件增蓄应急重点项目已全面启动.35件项目主体工程基本完工、完工率29%,逐步投入使用发挥抗旱效用.

龙川县正在修建水渠的村民告诉记者,不管怎样,先把水渠修好,再慢慢地解决其他问题.

云南省水利厅网站资料显示,云南境内河流众多,径流面积在100平方千米以上的河流有908条,全省多年平均降水量1 258毫米,水资源总量2 222亿立方米,居全国第三位,人均水资源占有量近5 000立方米.

然而,从2010年开始至今,云南已经连续3年遭遇大旱.据了解,今年2月上旬全省河道平均来水量较常年整体偏少32%,去年汛末至今,全省河道平均来水量较常年整体偏少50%,有254条中小河流断流、390座小型水库干涸.截至2月20日,全省库塘蓄水总量43亿立方米,比去年同期少蓄17.7亿立方米.

针对云南连续3年出现干旱,有气象专家分析认为,这3年雨季降水偏少主要有四大成因:影响云南的夏季风持续异常,输送到云南省的水汽减少;同时季风形成的低值辐合系统减少,致使与云南上空对流偏弱;西太平洋副高位置对云南的降水也不利;2009年、2010年副高位置偏西偏强,在其控制之下,不利于降水,而2011年副高位置偏东,其外围的水汽难以输送到云南.

然而,有网友却给出了另外四种解释:

(1) 近20年来每到雨季,各烟草种植县和乡镇大量发射防雹弹:由于雨季到来的时候,也正是烤烟生长的季节,为了保证烤烟的产量和质量,当地政府就大量地发射防雹弹.

(2) 野蛮开采矿产资源导致地下水枯竭:部分地区水土资源过度开发,水土流失及生态环境恶化.在石林县,一问起哪个地方干旱严重,村民就会提起圭山镇,理由就是那里有煤矿.

(3) 疯狂毁林破坏自然循环功能:近年来,当地为了发展经济林,大量种植桉树这种被称作“抽水机”的经济林.虽然桉树是否造成干旱还在专家的争论之中,但当地村民却说出了一个惊心动魄的现象——桉树林区,寸草不生,“连蚂蚁都找不到”.

(4) 畸形的库塘安全管理理念导致蓄水严重不足.已经连续2年的干旱,清晰地暴露出当地水利设施的不足,大量的投入却没能够得到应有的回报.

干旱的原因尚在探讨之中,抗旱的措施也正在积极实施.在这场天灾的背后,还有多少本可以避免的人为因素,也应该成为政府认真思考并积极解决的问题.

2. 任务

根据背景材料完成下面的任务:

(1) 思考干旱损失的评价指标和评价目标.

(2) 分析影响损失的主线和影响因素.

(3) 查找相关统计数据,做出合理的假设,建立评价指标与损失评估关系模型和规则.

(4) 根据所建立的模型和规则,估计2012年云南持续干旱三个月(1～3月)的损失,并与后面报道的数据进行比较分析验证.

(5) 检验建立的模型是否具有应用性,并针对云南的干旱现状,提出决策建议.

§8.3 微博或微信等传媒的影响力评估

1. 背景

背景一 微博

微博作为社会化媒体的典型代表,2007 年进入国内. 2009 年 8 月,新浪上线新浪微博,之后腾讯、搜狐、网易陆续推出了各自的微博平台. 微博作为最迅速便捷的传播媒介,因其低门槛、高互动、高首发率的特点,在网络舆论场中频频发力. 微博裂变式的传播效果能对网络舆论产生极大的推动作用.

微博的传播优势不仅使其成为舆论的重要发源地,也影响了舆论的整个发酵过程. 在舆论发酵的生长期,微博加速舆论扩散,推动舆论高潮;在舆论发酵的成熟期,微博意见领袖(意见领袖是活跃在传播网络中,经常为他人提供信息、观点或建议并对他人施加个人影响的人物) 推波助澜,影响舆论走势. 依靠庞大的用户群和独特的用户关系,微博日益成为新媒体格局中影响力持续增长的媒介形态,而其裂变式的传播特征在不断彰显微博舆论影响力的同时,也引领着转型期我国社会的舆论关注点.

微博传播效果体现在网络舆论演变的过程中,热点话题在微博平台上快速形成庞大的微博量. 对近三年来每年排名前五的热点舆论事件的微博数进行统计,统计数据显示,近三年影响力较大的舆论事件的相关微博数都达百万数量级以上. 在舆论发酵过程中,由于微博多元化的传播形态,加之网民可通过论坛、博客、SNS、QQ 等转载到微博平台,因此微博的舆论扩散能力已超过其他网络平台. 微博传播能快速形成大量的关注度和扩散度,加之微博的传播主体庞大,个体对事件的认知存在差异,形成观点交锋和碰撞,各方力量汇合起来,推动事件的升温,进入舆论高潮.

相关调查显示,近年来过半舆论事件的发展过程中均有微博的介入,其中微博起到重要作用的事件超过 30%. 在这些事件中,62% 的事件在一天以内被微博曝光,形成舆论热点. 微博意见领袖的转发与粉丝的围观加速舆论扩散. 在传统人际传播中,意见领袖扮演着中介者的角色,被誉为"杀伤力最强的舆论载体" 的微博既为传统意见领袖提供了全新的平台,又为新兴意见领袖的生长提供了条件. 因为微博意见领袖独特的社会影响力,新闻事件一旦被其关注、转发或评论,就会带动意见领袖的粉丝围观并加速传播.

微博意见领袖大部分属于精英阶层,加之海量的粉丝数,其言论往往获得大量的转载和评论,在舆论的扩散中扮演着至关重要的作用,在影响较大的与微博有关的舆情事件中,有近一半的案例存在明显的意见领袖.

背景二 微信

微信是腾讯公司于 2011 年 1 月 21 日推出的一个为智能终端提供即时通信服务的免费应用

程序.微信支持跨通信运营商、跨操作系统平台通过网络快速发送免费(需消耗少量网络流量)语音短信、视频、图片和文字,同时,也可以使用通过共享流媒体内容的资料和基于位置的社交插件"摇一摇""朋友圈""公众平台语音记事本"等服务插件.截至2020年年底,微信月活跃账户数已超过12亿,各品牌的微信公众号总数已超过1 000万个,有550万真实企业和组织使用企业微信,活跃用户数达到了1.3亿,企业通过企业微信服务的微信用户数已经达到4亿.2020年,小程序年均日活跃用户数量超过4亿,年交易额同比增长超100%,整体活跃小程序数同比增长75%,有交易的小程序数同比增长68%,增长率显著.新冠疫情期间,很多商家通过小程序重建与消费者的直连,实现线上交易.微信支付以及公众平台的各种开放功能真正实现人与商业的连接,企业的内容价值和服务价值均得以提升.

微信通过搭建包括社交、娱乐、O2O、资讯、电商、金融和生活服务等一系列生态体系、生产内容、打造O2O闭环、建立智慧城市,并将平台开放,使得第三方能够在微信生态中发挥更大的可能性,共同搭建微信生态.微信围绕用户需求进行综合性渗透,通过建立用户移动化生活的基础高频场景、垂直化场景等,最大限度地吸引用户、留住用户,增加用户粘性.

微信的广泛使用推动了用户对数据流量的消费,并逐步成为移动数据消费增长的引擎,微信带动的数据流量支出拉动三大运营商数据流量的增长.

随着移动互联网的发展,PC端的广告形式向移动端转移,得益于微信的用户规模以及生态的多样性,微信成为目前移动社交营销的重要阵地.除展示广告外,微信生态亦诞生了基于移动特性的广告形式,如H5、微信平台的互动小游戏等.

随着在疫情期间社会价值的释放,微信已不仅仅是简单的社交工具,承载的"健康码"是抗疫工具,"小程序"是服务和商业工具,"视频号"是未来视频化的新连接,"搜一搜"则打通整个微信体系.微信已经变成全面的数字化工具,彰显数字经济活力.

2. 任务

根据背景材料完成下面的微博或微信等传媒影响力的评估任务:

(1) 思考相应传媒影响力指标评估体系.

(2) 分析影响传媒影响力大小的主线和影响因素.

(3) 查找相关统计数据,做出合理的假设,建立传媒影响力的量化评估模型和规则.

(4) 根据所建立的模型和规则,估计2020年传媒的发展状况并进行结果的对比验证.

(5) 检验该模型是否具有应用性,并请针对大学生使用微博或微信的情况,提出决策建议.

§8.4　余额宝或财富通网络金融影响力评估

1. 背景

近年来,随着互联网的广泛普及和电子商务的快速发展,互联网金融逐渐步入人们的视野,融入百姓的生活.阿里巴巴、新浪、腾讯等我国大型互联网公司不断推出新业务、研发新技术,为互联网金融领域的蓬勃发展不断注入新的活力.2013年又被称为互联网金融"元年"或"创新发展年”. 2013年6月支付宝网络技术有限公司联手天弘基金，推出名为“余额宝”的余额增值业务(下称余额宝)，在随后的数月中迅速并持续升温带动整个行业的兴起，引发金融领域乃至整个社会的广泛关注. 余额宝诞生后，用户存放在支付宝的资金，在支付宝网站内即可直接购买货币基金等理财产品，同时也能随时用于网购、转账等. 这种方式大大的方便同时也快捷了人们的生活，关于余额宝安全问题也成了互联网金融议论的焦点.

那么，余额宝究竟是在什么样的背景下产生的?一方面是当前金融环境下的大势所趋. 近几年，基金行业发展举步维艰，80% 以上的基金产品都由银行销售，营销模式匮乏单一，急需突破. 而阿里巴巴逆势而上，通过对理财产品的大量探索和支付宝资金的大量积累，为余额宝的诞生打下了基础. 另一方面是当前监管政策的放松有利于电商与基金结合. 监管机构大力支持基金公司利用第三方电商平台销售基金产品，这为余额宝的诞生提供了大环境.

自2013年6月余额宝推出以来，以操作方便、高收益、低风险等优势在短时间内吸引了大量的用户和资金，从0到2 500亿元，余额宝用了200多天的时间，而从2 500亿元到4 000亿元，余额宝只用了大约30天，截至2014年3月底，在不到10个月的时间里，余额宝拥有用户8 100万，资金累积量将近5 000亿元，创造了货币基金行业的奇迹.

余额宝一改以往银行理财产品高门槛的弊端，推行最低购买金额为一元的政策. 余额宝采用基金直销的方式不同于以往的间接销售方式，减少了中间的手续费，为客户带来更高的收益，而且用户可以随时用余额宝里的钱购物并且随时能收回成本，极大地降低了顾客的顾虑并方便顾客日常资金的使用.

余额宝的收益每天都可以查看，而且每日的收益都会自动转入自己的余额宝账户里. 相对于银行“看不见” 的收益，人们更倾向于余额宝里每天可见的收益.

余额宝突破了传统金融低效率和高成本的压制，满足了民众的有效需求，深受消费者青睐.

2. 任务

根据背景材料完成下面的余额宝或财富通网络金融影响力的评估任务：

(1) 结合自身网络购物的习惯思考相应网络金融影响力的评价指标和评价目标.

(2) 分析网络金融影响力大小的主线和影响因素.

(3) 查找相关统计数据，做出合理的假设，建立网络金融影响力的量化评估模型和规则.

(4) 根据所建立的模型和规则，估计2020年网络金融的发展状况并进行结果的对比验证.

(5) 检验该模型是否具有应用性，并针对大学生网络购物的情况，提出决策建议.

§8.5　十字路口风险研究

1. 背景

十字路口，两车相撞瞬间，一旁骑车路过老太如有神助，奇迹般与车祸“擦肩而过”，躲过一劫. 上周，一段“三轮车老太太‘神避让’” 的视频在网上热传，截至昨天，短短四天，视频已有223万点击量. 根据视频显示(见图8.1)，这一交通事故发生在2月11日，地点在无锡江阴滨江路璜土段.

2 月 11 日 14 时 46 分,前方绿灯,一辆保洁三轮车已经越过斑马线,准备直行通过.而此时,一辆银色轿车驶过路口,左转弯,一辆黄色货车从对面快速驶来.仅一秒钟,在距离三轮车约十米的道路中央,两车相撞.在猛烈的撞击下,轿车来了个 180 度转向,两车同时向三轮车“包抄”过来.而那辆三轮车则如有神助,也来了个 180 度转向,成功避过同时冲过来的两辆汽车,短短一秒钟之内完成“神避让”.猛烈的碰撞下,轿车车头几乎散了架,车身碎片撒了一地,但三轮车安然无恙.

(a) 三轮车过马路，两汽车眼看要撞上了　　(b) 三轮车在两车间“神避让”得以幸免

图 8.1　两车路口相撞,老太骑三轮一秒内完成神避让

据江阴交警介绍,事发时,司机严某驾驶轿车在路口左转弯时,与对面直行的夏某驾驶的货车相撞.而两辆汽车相撞时,施某驾驶电动三轮车经过该路口,仿佛能“预知”事故发生,在看到对面货车开过来时,三轮车突然快速急停并左转,与迎面而来的轿车和货车“擦肩而过”,幸运地躲过了一劫.

“当时我要穿过马路,而前面就是绿灯,没想到突然(两辆车)就冲了过来.”60 多岁的施杏英就是视频中骑三轮车的老太太,她是江阴璜土一家劳务公司的保洁员,负责事发路段附近的保洁.施杏英回忆说,事发当天下午,在完成当天的保洁任务后,她骑着保洁三轮车返回,在经过一个十字路口时,虽然前方是绿灯,施杏英还是习惯性地放缓速度,一边观察,一边减速通过,而就是这“一看一缓”,救了自己一回.

据交警介绍,轿车与货车双方都是绿灯通行,但是轿车转弯未让直行,负此事故的主要责任,货车过路口未减速观察,负此事故的次要责任.

2. 任务

根据视频与事故报道的信息,也可参考其他相关报道,完成十字路口风险评估研究:

(1) 结合自身过十字路口的习惯思考十字路口风险评价指标和评价目标.

(2) 分析影响十字路口风险大小的主线和影响因素.

(3) 查找相关统计数据,做出合理的假设,建立十字路口风险量化评估模型和规则.

(4) 根据所建立的模型和规则,量化分析视频中的三轮车车主能逃过一劫的原因并分析验证.

(5) 检验建立的模型是否具有应用性,并分析左转让直行、辅道让主道、左边让右边三个事故责任划分原则的合理性.

§8.6 全面放开二胎对旅游冲击效应研究

1. 背景

背景一 学者:中国生育率仅 1.5,应立即全面放开二孩

中国已经进入快速老龄化与严重少子化叠加的人口新常态,这样的新常态要求生育政策必须随之调整才能够适应人口和经济发展的需要. 在双独二孩、单独二孩政策实施之后,全面二孩政策正在酝酿落实. 但由于对中国低生育率现状的判断不一致等,这项涉及亿万民众福祉的公共政策进展缓慢.

从双独二孩、单独二孩的实践看,民众整体的生育意愿确实比较低. 那么,中国现在的生育率到底有多么低? 民众为什么不愿意多生孩子了? 中国是否已经掉入低生育率陷阱? 这将对中国未来的经济社会发展产生哪些影响? 第一财经日报采访了人口学者、高级统计师姚美雄,听他用统计数字来解析真相.

(1) 中国已经掉入低生育率陷阱.

第一财经日报:最近关于中国是不是掉入低生育率陷阱,有不同的声音. 有的学者认为中国已经掉入低生育率陷阱,有的认为还没有掉入低生育率陷阱,您的观点是怎样的?

姚美雄:判断中国有没有掉入低生育率陷阱,首先要明确到底总和生育率低到什么水平算是掉入陷阱. 从历史和国际的经验看,总和生育率 1.5 水平是一个高度敏感警戒线,一旦滑到 1.5 以下,就进入了低生育率陷阱,很难回升. 除瑞典和法国外,目前还没有别的国家在跌破 1.5 之后重新回到 1.5 水平,更没有一个国家回到 2.1 的世代更替水平(编者注:2.1 的世代更替水平即出生人数与死亡人数相等,总人口既不增加也不减少).

1989 年日本生育率创 1.57 新低时,震动了日本政府和国民,被称为"1.57" 危机. 日本政府立即采取多项措施鼓励生育,但至今,日本生育率连到 1.45 水平都未出现.

中国由于实施了严厉的计划生育政策,总和生育率从 1970 年的 5.81 下降到 1980 年的 2.24,在 20 世纪 90 年代初下降到更替水平之下,至今已有 20 多年. 10 多来年全国总和生育率在 1.4 至 1.5 间,远低于 2.1 更替水平,大大低于世界 2.5 的平均水平,甚至比发达国家水平 1.7 还低.

当前,我国 20 世纪 80 年代出生及独生子女育龄妇女进入生育高峰期,但是 2014 年出生人口仅增加 47 万人,几乎没什么反弹,10 年前国家有关部门预判的出生高增长量并未出现. 并且单独政策实施一年多来,婴儿潮也未出现,截至 2015 年 5 月底,全国共有 145 万对单独夫妇申请再生育,仅占符合政策人群的 13%. 单独二孩政策"遇冷",说明百姓生育意愿真的已十分低下,表明我国已掉入低生育率陷阱.

第一财经日报:在中国大家都知道,这么低的生育率跟政策限制有关系,现在政府正在酝酿放开全面二孩,会不会政策放开之后生育率就有提升,就能爬出低生育率陷阱呢?

姚美雄:政策限制确实是中国低生育率现状的重要原因. 可以说,独生子女政策长期实施是导致中国掉入低生育率陷阱的制度基础. 按照城市 1 孩、农村 1 孩半的制度设计,政策总和生育

指标是 1.46,本身就低于 1.5.

但是这并不意味着一旦放开生育限制,生育率就有明显提升.因为除政策限制外,社会转型也对生育起较大制约影响.从农业社会进入工业社会,生育率下降是个必然趋势.从日本、韩国和新加坡等东亚发达经济体看尤为显著,这些国家或地区生育率目前处于超低或危险水平,都陷入低生育率陷阱.

我国是至今全球唯一尚未进入发达经济体就掉入低生育率陷阱的国家.我国掉入低生育率陷阱主要是由于受现代化快速推进和长时间实行一胎化为主生育政策双重叠加影响.在这种双重影响下,人们的生育观已经发生重大变化,再加上现在养育孩子的成本很高,即使放开政策限制,也不会对已经定型的生育观产生太大影响.

从“双独二孩”到“单独二孩”政策的实施,我们看到很多符合政策的夫妻放弃生育二孩,这就进一步验证,中国确实已经掉入低生育率陷阱.

(2) 低生育率陷阱的五大负面影响.

第一财经日报:低生育率陷阱对于中国的社会经济有哪些负面影响呢?

姚美雄:低生育率导致未富先少、未富先老和出生性别比长期居高不下的人口结构性矛盾,这些矛盾日益尖锐,已经危及人口可持续发展,也深刻影响当前及今后我国经济结构和产业结构,削弱经济发展动力,制约社会经济可持续发展.

具体来说,有以下五个方面的影响:

① 减少劳动力供给.2012 年至 2014 年,我国劳动年龄人口连续 3 年下降,表明我国劳动力供给高峰已经产生并出现拐点,劳动力短缺已拉开序幕.2022 年至 2025 年 4 年间,20 ~ 34 岁的青年劳动力每年将净减 1 100 万人以上,到 2030 年将比 2010 年减少 1.04 亿人、下降幅度达 32%、总量只有 2.21 亿人.这个幅度是惊人的.

② 弱化社会创新能力,降低社会劳动生产率.青年是社会创新的主力军,青年劳动人口急剧减少,将减少创新人才总量,严重弱化社会创新能力;同时,劳动力老化也将导致社会劳动生产率降低.

③ 降低消费能力,影响内需.因为青年人口的消费力比较旺盛,是内需的主力军.

④ 社会养老巨大压力.2020 年后,养老危机将爆发,届时既缺乏养老所需财力,也缺乏养老所需人力.尤其是 2030 年后,两个劳动力将要供养一个老年人.

⑤ 影响社会稳定.由于性别失衡,男性数量高出女性数千万.2020 年之后,一成以上年轻男性将找不到配偶,娶妻难成为社会和家庭的一个重要难题,易与其他社会矛盾相交织而引发社会问题.

此外,现行生育政策还导致了城乡之间、地区之间、民族之间生育权益不平等,与全面依法治国理念相背;独生子女家庭面临“失独”风险,给国防安全带来隐患等.

人口再生产是社会再生产的必要条件.至今世界上还没有一个国家或地区在人口结构处于少子化情形下能由中等收入演变成发达经济体.当前我国发展水平离现代化目标距离还甚远,然而我国 0 ~ 14 岁人口占总人口比重只有 16.5%,大大低于世界的 27% 平均水平.曾经引以为傲的人口优势正逐渐丧失,并将成为今后发展的最大战略软肋,实现中国梦将面临巨大挑战.

(3) 当前是修复人口结构的最后窗口期.

第一财经日报:面对这种低生育态势,您认为生育政策应该如何调整?大家都很关心的全面二孩政策，说是在加快推进，但现在还没有看到实质性动作.

姚美雄：我国人口发展已进入关键的历史节点，修复扭曲的人口结构已步入最后“窗口期”.我国的人口发展战略和工作思路应立即由数量控制转向改善优化结构，当前应抓住老百姓尚有一定生育意愿及还有较多妇女处于育龄期这一时机，立即启动全面放开二孩.现在应该担心的是补偿性生育量太小问题，而不是生育堆积.

如果错过了当前全面放开二孩最后窗口期，即使以后鼓励生育，提高了生育率水平，由于育龄妇女急剧减少，也将于事无补，难以摆脱低生育率陷阱.

全面放开二孩是一道坎，已经无法回避，越迟调整、生育机会丧失越多，人口结构扭曲越严重.目前全面二孩进展缓慢，表明相关部门对当前人口形势尚存在一定程度误判，对当前我国人口形势异常严峻的态势认识不到位，对全面放开二孩的重要性、紧迫性认识不足.

当前推进全面放开二孩不是早了，而是已经严重滞后了.根据统计数据预测，全面放开二孩后，除头几年有所反弹外，年平均总和生育率也难以由现在的 1.4 至 1.5 升到 1.8 以上，2020 年人口总量也难以突破 14.5 亿人，人口峰值也难以突破 15.3 亿人.

全面放开二孩是一个重大战略调整，统一认识、走相关程序都需要一定时间.因此，我建议立即开通绿色人口政策通道，在全面放开二胎政策落地之前，允许 35 岁以上的高龄育龄妇女(主要是 70 后)先怀孕，抢救生育机会.

根据调查，70 后女性的生育意愿整体比 80 后、90 后要高，补偿性生育主力军也将是 70 年代出生的妇女，但是她们中最小的也都已超过 35 周岁，都属于高龄育龄妇女，随着时间推移，其怀孕概率一再下降、生育风险一再提升.现在每年都有好几百万育龄妇女丧失生育能力.没有必要再让更多女性遭受生育意愿无法满足、存在失独风险的痛苦.

当然为高龄育龄妇女开辟绿色生育通道只是一个应急的措施，更根本的还是要正视中国已经掉入低生育率陷阱这个事实，迅速全面放开二孩，虽然不能从根本上改变扭曲的人口结构，至少可以推迟人口峰值的到来，在一定程度上优化人口结构.

背景二　旅游局：中国每年 36 亿人次国内游一半在乡村

国家旅游局副局长杜一力 19 日在“中国现代乡村旅游 30 年论坛”上表示，中国每年国内旅游人次达 36 亿人次，其中 18 亿人次在乡村，农民直接接待的至少在 6 亿人次.

杜一力指出，过去 30 年我国乡村旅游获得快速发展，在人民生活中占据了重要位置.预计未来 5 到 10 年，乡村旅游接待人次可达 20 亿人次，农民直接接待可达 10 亿人次.

“当前我国旅游业的升级过程已经开启，乡村旅游升级潮也将很快兴起，乡村旅游将出现一个更加繁荣的‘涌泉格局’，不断向农户深入和下沉，并带来农村的繁荣.”杜一力说.

针对即将到来的乡村旅游大发展新阶段，与会专家认为，目前我国乡村旅游存在产品初级、模式单一、市场饱和、竞争恶性等问题，乡村旅游亟须提质上档.

2. 任务

根据报道的信息，也可参考其他相关报道，完成全面放开二孩对旅游冲击效应研究：

(1) 结合自身对旅游的了解思考旅游经济评价指标和评价目标.

(2) 分析旅游经济受冲击的主线和影响因素.

(3) 查找相关统计数据，做出合理的假设，建立全面放开二孩后对旅游冲击评估模型和规则.

(4) 根据所建立的效应评估模型和规则，量化分析全面放开二孩对旅游经济的积极效应与负面效应并分析验证.

(5) 检验建立的模型是否具有应用性,并预测 2030 年国内旅游前景.

§8.7　春节空城现象建模评估与效应研究

1. 背景

每年春节,大城市都会上演一场人口大迁徙.数以亿计的人从大城市奔回县城和乡村.

马路车少人稀、商店门可罗雀、地铁空空如也 …… 大城市集体上演“空城计”,这让备受拥堵、嘈杂之苦的人雀跃不已.“城市本来就该是这种样子”,有人这么感慨.

然而,倘若城市一直维持这种样子,或者说,假如“空城”的状态持续一年,大城市会变成什么样?

可以想象的是,空荡荡的地铁不会持续太久.因为人口锐减,地铁收入也随之减少,与人流量密切相关的地铁广告、站台物业收入同样会随之减少,即便有财政补贴,也没有哪个城市能够支撑起如此巨大的花销.

结果只有一个,部分地铁线路关停,新建地铁线路全部停工.到时候,上海从中心城区开往松江的 9 号线、广州从大学城通往南沙的 4 号线、深圳从福田开往双龙的 3 号线,都会因为人流不足、亏损严重而被关停.至于大环线、快速线都没有再建的必要,因为乘客不够,收益完全抵不上成本.

同样可以想象,人口锐减,随之而来的就是商场、店铺大范围倒闭.与此同时,餐馆的种类减少,除本地菜和川湘菜外,其他小众菜都会因为缺少足够的消费人群,而大量倒闭,活下来的将会变成高价餐饮勉强生存.

这个时候,你想要再以廉价的成本,维持现在的生活,可能性估计也不大了.由于外来务工人员回乡,清洁工、保姆和服务员的价格,将会不断往上蹿,而快递的站点减少,快递费自然也要上涨 …… 生活成本将会越来越高.

……

显然,春节空城的大城市并没有想象的那么好.短短一个星期的不便,可能不是不便,而是一种享受.长达一年的不便,那就不只是不便,而是经济灾难.

没有人口支撑的城市,经济只会陷入停滞;没有人口带来的规模优势,餐饮、服务价格也不会有现在这么便宜.

同理,没有人口向城市边界的拓展,地铁、公交也不可能几乎覆盖每一个角落;没有来自全国各地带来的人口大融合,大城市里也不可能有这么多丰富多彩的体验.

2. 任务

根据以上的信息,也可参考其他信息,研究以下问题:

(1) 思考春节空城效应的评价指标和评价目标.

(2) 分析影响春节空城效应的主线和影响因素.

(3) 选定某城市(如东莞、佛山),并查找相关统计数据,做出合理的假设,建立评价指标与效应关系模型和规则.

(4) 以相关统计数据验证所建立的模型和规则.

(5) 检验该模型是否具有应用性,并给当地市政府写一份空城效应政策建议书.

§8.8 能否把雅鲁藏布江的水调到新疆

1. 背景

雅鲁藏布江是中国最长的高原河流,位于西藏自治区境内,也是世界上海拔最高的大河之一. 它发源于西藏西南部喜马拉雅山北麓的杰马央宗冰川,上游称为马泉河,由西向东横贯西藏南部,绕过喜马拉雅山脉最东端的南迦巴瓦峰转向南流,经巴昔卡出中国境. 水能蕴藏量丰富,在中国仅次于长江. 雅鲁藏布江大拐弯处的雅鲁藏布江大峡谷是世界第一大峡谷,获得中国世界纪录协会的世界最深大峡谷、世界最长大峡谷两项世界纪录的认证.

"你能想象吗?中国居然要把西藏的水北调到新疆,让新疆变成杭州!"——2017 年 10 月底的一则关于中国将进行一项"逆天工程",将把西藏雅鲁藏布江的水北调到新疆塔克拉玛干大沙漠的大新闻,引起外国媒体的疯狂传播,更引起了不少外国人的惊呼……

这个消息最初来自香港的《南华早报》. 其大致内容:一位中国高级工程师表示,中国正打算在西藏和新疆之间修建长达 1 000 千米的输水管道,为的是把西藏雅鲁藏布江丰富的水源运送到干旱的新疆地区,以彻底改变那里干旱的面貌.

2. 任务

根据背景材料完成下面的任务:

(1) 思考把雅鲁藏布江的水调到新疆所需经济的评价指标和评价目标.

(2) 分析影响调水经济消耗的主线和影响因素.

(3) 查找相关统计数据,做出合理的假设,建立评价指标与调水经济消耗关系模型和规则.

(4) 以相关统计数据验证所建立的模型和规则.

(5) 检验该模型是否具有应用性并考虑如何体现其价值.

§8.9 国庆出游怎样加油更省钱

1. 背景

十一国庆节期间,不少朋友都选择自驾游,难免要到"外地" 加油,我们可以看到网上有许多"老司机" 分享了一些外地加油的"心得". 有些是揭露加油站猫腻的,有些则是教你加油如何省钱的. 针对这些“心得”可不可信,搜狐《真相实验室》针对具体问题为大家一一分析.

(1) 加半箱油比加整箱更省钱?

相信很多朋友都有这个疑问,汽车加满整箱油,自重必然增加,而国庆节自驾游一般都是举家出行,车辆负重本身就大,加满整箱油增加负重会影响汽车油耗. 如果只是加半箱油,减轻车辆负重则会降低油耗.

原理上似乎没什么问题,但实际上并不能这么算账. 一般轿车的油箱 50 到 60 升,半箱油大约 20 到 30 升,相比轿车本身一吨多的重量,这半箱油重量只相当于一只中型狗狗的体重,对于车辆负重带来的油耗增加影响微乎其微,更何况频繁找加油站会更费油. 所以大家在外地加油的时候大可直接加满,没必要纠结载重的问题.

(2) 晚上加油更省钱?

大家都知道热胀冷缩的原理,所以很多朋友认为晚上气温低,同样的价钱可以加更多的油,于是很多人即使到了外地自驾游,也坚持晚上加油,相信这样会更省钱.

实际上加油站的汽油储存在地下,一定时期内并不容易产生气温的剧烈波动,基本是恒温状态,况且热胀冷缩的程度也不足以影响加油量. 所以认为晚上加油比白天加油更省钱的朋友,肯定会失望了.

(3) 加油量超出标定量有猫腻?

标定 50 升的油箱,但居然加油加出了 55 升,有些朋友就去找加油站理论,认为加油站油表出了问题或者有什么猫腻多收了钱. 但实际上虽然油箱标定了容积,但一般都不是实际的最大容积,只是一个厂家给出的相对合理的容积数据,这也是考虑到油品热胀冷缩后可能造成的影响,一般多设计出 10% ～ 15% 的加油量容积是正常的.

另外,油箱只是容器而非计量器具,以其标定来作为计量是不准确的. 所以如果加油量超过油箱标定的数字,不能证明加油站有猫腻,而在一般情况下是属于合理的,当然我们奉劝大家还是不要将油箱加得太满,跳枪即可.

(4) 油罐车刚卸完油后不宜加油?

有些朋友看到加油站里有油罐车刚卸完油,扭头开车就走,说是油罐车刚卸完的油库底部杂质会被翻起来,此时不宜加油. 这个流言似乎也没什么毛病,但是实际上说的也并不完全到位.

即使是在外地,城区加油站油库的循环很快,并不会产生过多的杂质,虽然相对偏远的一些地方,油库可能会有一些沉淀,但是对于一般车辆来说也不会造成严重的影响,所以大家也不必过分的担忧和纠结. 当然,在油罐车卸油的时候最好不要加油,一些加油站也会主动停止供应,主要是出于安全的考虑.

2. 任务

根据背景材料完成下面的任务:

(1) 思考国庆自驾游油费的评价指标和评价目标.

(2) 分析影响国庆自驾游油费的主线和影响因素.

(3) 查找相关统计数据,做出合理的假设,建立评价指标与油费评估关系模型和规则.

(4) 以相关统计数据验证所建立的模型和规则.

(5) 检验该模型是否具有应用性并考虑如何体现其价值.

第 9 章

数学建模历年赛题汇集

全国高校一般都认可中国工业与应用数学学会主办的全国大学生数学建模竞赛，并且学校一般都有配套的创新激励机制，鼓励学生参加数学建模竞赛 .

§9.1　全国大学生数学建模竞赛介绍

全国大学生数学建模竞赛创办于1992年，每年一届，已成为全国高校规模最大的基础性学科竞赛，也是世界上规模最大的数学建模竞赛.2021年，来自全国及美国、马来西亚等国家的1 566所院校/校区、49 529队(本科45 075队、专科4 454队)、超过14万名大学生报名参加本项竞赛.

全国大学生数学建模竞赛已发展成为全国高校规模最大的课外科技活动之一.该竞赛每年9月(一般在中旬某个周四晚上至周日晚上共3天，74小时)举行，面向全国大专院校的学生，不分专业，但竞赛分本科、专科两组，本科组竞赛所有大学生均可参加，专科组竞赛只有专科生(包括高职、高专生)可以参加.学生可以向该校教务部门咨询，如有必要也可直接与全国竞赛组委会或各省(市、自治区)赛区组委会联系.

为了在全国大学生数学建模竞赛活动中进一步探索大学生创新能力培养的新举措，促进人才培养与科研工作的结合，促进应用数学与工业及其他行业的结合，促进数学建模教师队伍水平的整体提高，提升竞赛的影响力，全国大学生数学建模竞赛组委会还开展了数学建模赛题(包括夏令营赛题)后续研究的立项.

近三年获得全国数学建模竞赛一等奖或者深圳杯夏令营一、二、三等奖团队的指导教师，均可组织学生开展相应赛题(含夏令营赛题)的后续研究，并向全国组委会提交研究成果报告申请奖励.每年度课题研究组的负责人向全国组委会提交研究成果报告的截止日期为4月30日.

研究成果报告的内容分为两部分:第一部分是对相应赛题现有解决方案不足的分析;第二部分是新的解决方案以及新方案的优长之处.全国组委会将组织专家进行评审，并对每个获奖研究组给予适当的经费奖励，资助学生与教师的相关费用.

§9.2　全国大学生数学建模竞赛历年赛题

9.2.1　2010年全国大学生数学建模竞赛题目

◇A题　储油罐的变位识别与罐容表标定◇

通常加油站都有若干个储存燃油的地下储油罐，并且一般都有与之配套的“油位计量管理系统”，采用流量计和油位计来测量进／出油量与罐内油位高度等数据，通过预先标定的罐容表（罐内油位高度与储油量的对应关系）进行实时计算，以得到罐内油位高度和储油量的变化情况.

许多储油罐在使用一段时间后，由于地基变形等原因，使罐体的位置会发生纵向倾斜和横向偏转等变化（以下称为变位），从而导致罐容表发生改变. 按照有关规定，需要定期对罐容表进行重新标定. 图 9.1 是一种典型的储油罐尺寸及形状示意图，其主体为圆柱体，两端为球冠体. 图 9.2 是其罐体纵向倾斜变位的示意图，图 9.3 是罐体横向偏转变位的截面示意图.

请你们用数学建模方法研究解决储油罐的变位识别与罐容表标定的问题.

（1）为了掌握罐体变位后对罐容表的影响，利用如图 9.4 所示的小椭圆储油罐（两端平头的椭圆柱体），分别对罐体无变位和倾斜角为 $\alpha = 4.1^\circ$ 的纵向变位两种情况做了实验，实验数据如附件 1 所示. 请建立数学模型研究罐体变位后对罐容表的影响，并给出罐体变位后油位高度间隔为 1 cm 的罐容表标定值.

（2）对于图 9.1 所示的实际储油罐，试建立罐体变位后标定罐容表的数学模型，即罐内储油量与油位高度及变位参数（纵向倾斜角度 α 和横向偏转角度 β）之间的一般关系. 请利用罐体变位后在进／出油过程中的实际检测数据（见附件 2），根据你们所建立的数学模型确定变位参数，并给出罐体变位后油位高度间隔为 10 cm 的罐容表标定值. 进一步利用附件 2 中的实际检测数据来分析检验你们模型的正确性与方法的可靠性.

附件 1：小椭圆储油罐的实验数据

附件 2：实际储油罐的检测数据

CUMCM2010A **附件**

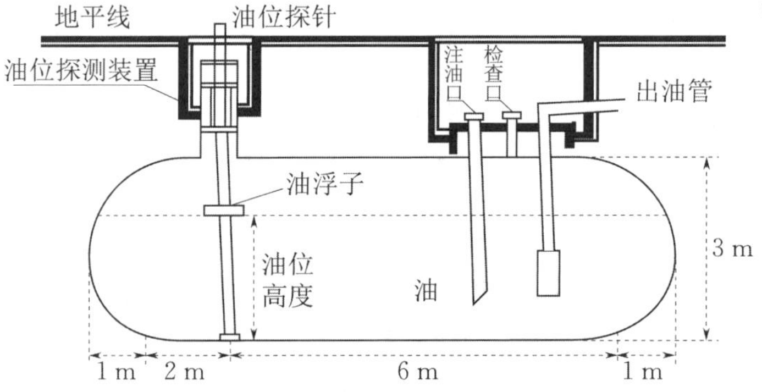

图 9.1　储油罐正面示意图

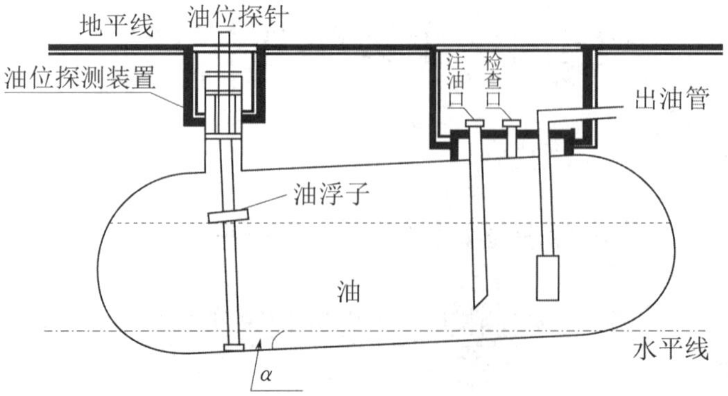

图 9.2　储油罐纵向倾斜变位后示意图

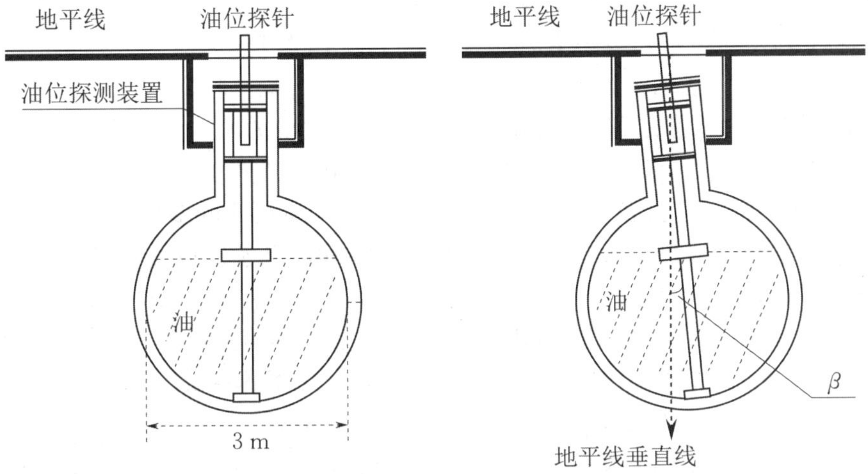

(a) 无偏转倾斜的正截面图　　(b) 横向偏转倾斜后正截面图

图 9.3　储油罐截面示意图

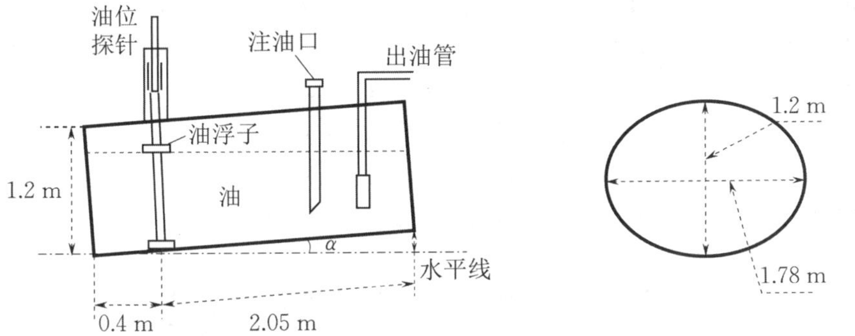

(a) 小椭圆油罐正面示意图　　(b) 小椭圆油罐截面示意图

图 9.4　小椭圆储油罐形状及尺寸示意图

◇B 题　2010 年上海世博会影响力的定量评估 ◇

2010 年上海世博会是首次在中国举办的世界博览会. 从 1851 年伦敦的“万国工业博览会”开始,世博会正日益成为各国人民交流历史文化、展示科技成果、体现合作精神、展望未来发展等的重要舞台. 请你们选择感兴趣的某个侧面,建立数学模型,利用互联网数据,定量评估 2010 年上海世博会的影响力.

9.2.2　2011 年全国大学生数学建模竞赛题目

◇A 题　城市表层土壤重金属污染分析 ◇

随着城市经济的快速发展和城市人口的不断增加,人类活动对城市环境质量的影响日显突出. 对城市土壤地质环境异常的查证,以及如何应用查证获得的海量数据资料开展城市环境质量评价，研究人类活动影响下城市地质环境的演变模式，日益成为人们关注的焦点.

按照功能划分，城区一般可分为生活区、工业区、山区、主干道路区及公园绿地区等，分别记为1类区、2类区……5类区，不同的区域环境受人类活动影响的程度不同.

现对某城市城区土壤地质环境进行调查. 为此，将所考察的城区划分为间距1千米左右的网格子区域，按照每平方千米1个采样点对表层土(0～10厘米深度)进行取样、编号，并用GPS记录采样点的位置. 应用专门仪器测试分析，获得了每个样本所含的多种化学元素的浓度数据. 另一方面，按照2千米的间距在那些远离人群及工业活动的自然区取样，将其作为该城区表层土壤中元素的背景值.

附件1列出了采样点的位置、海拔高度及其所属功能区等信息，附件2列出了8种主要重金属元素在采样点处的浓度，附件3列出了8种主要重金属元素的背景值.

现要求你们通过数学建模来完成以下任务：

(1) 给出8种主要重金属元素在该城区的空间分布，并分析该城区内不同区域重金属的污染程度.

(2) 通过数据分析，说明重金属污染的主要原因.

(3) 分析重金属污染物的传播特征，由此建立模型，确定污染源的位置.

(4) 分析你所建立模型的优缺点，为更好地研究城市地质环境的演变模式，还应收集什么信息？有了这些信息，如何建立模型解决问题？

CUMCM2011A 附件

附件1：采样点位置及其所属功能区

附件2：8种主要重金属元素的浓度

附件3：8种主要重金属元素的背景值

◇B题　交巡警服务平台的设置与调度◇

“有困难找警察”，是家喻户晓的一句流行语. 警察肩负着刑事执法、治安管理、交通管理、服务群众四大职能. 为了更有效地贯彻实施这些职能，需要在市区的一些交通要道和重要部位设置交巡警服务平台. 每个交巡警服务平台的职能和警力配备基本相同. 由于警务资源是有限的，如何根据城市的实际情况与需求合理地设置交巡警服务平台、分配各平台的管辖范围、调度警务资源是警务部门面临的一个实际课题.

试就某市设置交巡警服务平台的相关情况，建立数学模型分析研究下面的问题：

(1) 附件1中的附图1给出了该市中心城区A的交通网络和现有的20个交巡警服务平台的设置情况示意图，相关的数据信息见附件2. 请为各交巡警服务平台分配管辖范围，使其在所管辖的范围内出现突发事件时，尽量能在3 min内有交巡警(警车的时速为60 km/h)到达事发地.

对于重大突发事件，需要调度全区20个交巡警服务平台的警力资源，对进出该区的13条交通要道实现快速全封锁. 实际中一个平台的警力最多封锁一个路口，请给出该区交巡警服务平台警力合理的调度方案.

根据现有交巡警服务平台的工作量不均衡和有些地方出警时间过长的实际情况，拟在该区内再增加2至5个平台，请确定需要增加平台的具体个数和位置.

(2) 针对全市(主城六区A,B,C,D,E,F)的具体情况，按照设置交巡警服务平台的原则和任务，分析研究该市现有交巡警服务平台设置方案（见附件 2）的合理性. 如果有明显不合理，请给出解决方案.

如果该市地点 P（第 32 个节点）处发生了重大刑事案件，在案发 3 min 后接到报警，犯罪嫌疑人已驾车逃跑. 为了快速搜捕犯罪嫌疑人，请给出调度全市交巡警服务平台警力资源的最佳围堵方案.

附件 1：A 区和全市六区交通网络与平台设置的示意图

附件 2：全市六区交通网络与平台设置的数据表（共 5 个工作表）

CUMCM2011B 附件

9.2.3　2012 年全国大学生数学建模竞赛题目

◇A 题　葡萄酒的评价 ◇

确定葡萄酒质量时一般是通过聘请一批有资质的评酒员进行品评. 每个评酒员在对葡萄酒进行品尝后对其分类指标打分，然后求和得到其总分，从而确定葡萄酒的质量. 酿酒葡萄的好坏与所酿葡萄酒的质量有直接的关系，葡萄酒和酿酒葡萄检测的理化指标会在一定程度上反映葡萄酒和葡萄的质量. 附件 1 给出了某一年份一些葡萄酒的评价结果，附件 2 和附件 3 分别给出了该年份这些葡萄酒和酿酒葡萄的成分数据. 请尝试建立数学模型讨论下列问题：

（1）分析附件 1 中两组评酒员的评价结果有无显著性差异，哪一组结果更可信？

（2）根据酿酒葡萄的理化指标和葡萄酒的质量对这些酿酒葡萄进行分级.

（3）分析酿酒葡萄与葡萄酒的理化指标之间的联系.

（4）分析酿酒葡萄和葡萄酒的理化指标对葡萄酒质量的影响，并论证能否用葡萄和葡萄酒的理化指标来评价葡萄酒的质量？

附件 1：葡萄酒品尝评分表（含 4 个表格）

附件 2：葡萄和葡萄酒的理化指标（含 2 个表格）

附件 3：葡萄和葡萄酒的芳香物质（含 4 个表格）

CUMCM2012A 附件

◇B 题　太阳能小屋的设计 ◇

在设计太阳能小屋时，需在建筑物外表面（屋顶及外墙）铺设光伏电池，光伏电池组件所产生的直流电需要经过逆变器转换成 220 V 交流电才能供家庭使用，并将剩余电量输入电网. 不同种类的光伏电池每峰瓦的价格差别很大，且每峰瓦的实际发电效率或发电量还受诸多因素的影响，如太阳辐射强度、光线入射角、环境、建筑物所处的地理纬度、地区的气候与气象条件、安装部位及方式（贴附或架空）等. 因此，在太阳能小屋的设计中，研究光伏电池在小屋外表面的优化铺设是很重要的问题.

附件 1 ～ 附件 7 提供了相关信息. 请参考附件提供的数据，对下列问题，分别给出小屋外表面光伏电池的铺设方案，使小屋的全年太阳能光伏发电总量尽可能大，而单位发电量的费用尽可能小，并计算出小屋光伏电池 35 年寿命期内的发电总量、经济效益（当前民用电价按 0.5 元 /kWh 计算）及投资的回收年限.

在求解每个问题时，都要求配有图示，给出小屋各外表面电池组件铺设分组阵列图形及组件连接方式(串、并联)示意图,也要给出电池组件分组阵列容量及选配逆变器规格列表.

在同一表面采用两种或两种以上类型的光伏电池组件时,同一型号的电池板可串联,而不同型号的电池板不可串联.在不同表面上,即使是相同型号的电池也不能进行串、并联连接.应注意分组连接方式及逆变器的选配.

(1) 请根据山西省大同市的气象数据,仅考虑贴附安装方式,选定光伏电池组件,对小屋(见附件2)的部分外表面进行铺设,并根据电池组件分组数量和容量,选配相应的逆变器的容量和数量.

(2) 电池板的朝向与倾角均会影响到光伏电池的工作效率,请选择架空方式安装光伏电池,重新考虑(1).

(3) 根据附件7给出的小屋建筑要求,请为大同市重新设计一个小屋,要求画出小屋的外形图,并对所设计小屋的外表面优化铺设光伏电池,给出铺设及分组连接方式,选配逆变器,计算相应结果.

附件1:光伏电池组件的分组及逆变器选择的要求

附件2:给定小屋的外观尺寸图

附件3:三种类型的光伏电池(A单晶硅、B多晶硅、C非晶硅薄膜)组件设计参数和市场价格

附件4:大同典型气象年气象数据

注意:数据库中标注的时间为实际时间减1小时,即数据库中的11:00即为实际时间的12:00.

附件5:逆变器的参数及价格

附件6:可参考的相关概念

附件7:小屋的建筑要求

CUMCM2012B **附件**

9.2.4 2013年全国大学生数学建模竞赛题目

◇A题 车道被占用对城市道路通行能力的影响◇

车道被占用是指因交通事故、路边停车、占道施工等因素,导致车道或道路横断面通行能力在单位时间内降低的现象.由于城市道路具有交通流密度大、连续性强等特点,一条车道被占用,也可能降低路段所有车道的通行能力,即使时间短,也可能引起车辆排队,出现交通阻塞.如处理不当,甚至出现区域性拥堵.

车道被占用的情况种类繁多、复杂,正确估算车道被占用对城市道路通行能力的影响程度,将为交通管理部门正确引导车辆行驶、审批占道施工、设计道路渠化方案、设置路边停车位和设置非港湾式公交车站等提供理论依据.

视频1(见附件1)和视频2(见附件2)中的两个交通事故处于同一路段的同一横断面,且完全占用两条车道.请研究以下问题:

(1) 根据视频1,描述视频中交通事故发生至撤离期间,事故所处横断面实际通行能力的变化过程.

(2) 根据(1)所得结论,结合视频2,分析说明同一横断面交通事故所占车道不同对该横断面实际通行能力影响的差异.

(3) 构建数学模型,分析视频 1 中交通事故所影响的路段车辆排队长度与事故横断面实际通行能力、事故持续时间、路段上游车流量间的关系.

(4) 假如视频 1 中的交通事故所处横断面距离上游路口变为 140 m,路段下游方向需求不变,路段上游车流量为 1 500 pcu/h,事故发生时车辆初始排队长度为零,且事故持续不撤离.请估算,从事故发生开始,经过多长时间,车辆排队长度将到达上游路口.

附件 1:视频 1

附件 2:视频 2

附件 3:视频 1 中交通事故位置示意图

附件 4:上游路口交通组织方案图

附件 5:上游路口信号配时方案图

CUMCM2013A **附件**

注意:只考虑四轮及以上机动车、电瓶车的交通流量,且换算成标准车当量数.

◇B 题　碎纸片的拼接复原 ◇

破碎文件的拼接在司法物证复原、历史文献修复以及军事情报获取等领域都有着重要的应用.传统上,拼接复原工作需由人工完成,准确率较高,但效率很低.特别是当碎片数量巨大,人工拼接很难在短时间内完成任务.随着计算机技术的发展,人们试图开发碎纸片的自动拼接技术,以提高拼接复原效率.请讨论以下问题:

(1) 对于给定的来自同一页印刷文字文件的碎纸机破碎纸片(仅纵切),建立碎纸片拼接复原模型和算法,并针对附件 1、附件 2 给出的中、英文各一页文件的碎片数据进行拼接复原.如果复原过程需要人工干预,请写出干预方式及干预的时间节点.复原结果以图片形式及表格形式表达(见【结果表达格式说明】).

(2) 对于碎纸机既纵切又横切的情形,请设计碎纸片拼接复原模型和算法,并针对附件 3、附件 4 给出的中、英文各一页文件的碎片数据进行拼接复原.如果复原过程需要人工干预,请写出干预方式及干预的时间节点.复原结果表达要求同上.

(3) 上述所给碎片数据均为单面打印文件,从现实情形出发,还可能有双面打印文件的碎纸片拼接复原问题需要解决.附件 5 给出的是一页英文印刷文字双面打印文件的碎片数据.请尝试设计相应的碎纸片拼接复原模型与算法,并就附件 5 的碎片数据给出拼接复原结果,结果表达要求同上.

【数据文件说明】

(1) 每一附件为同一页纸的碎片数据.

(2) 附件 1、附件 2 为纵切碎片数据,每页纸被切为 19 条碎片.

(3) 附件 3、附件 4 为纵横切碎片数据,每页纸被切为 11×19 个碎片.

CUMCM2013B **附件**

(4) 附件 5 为纵横切碎片数据,每页纸被切为 11×19 个碎片,每个碎片有正反两面.该附件中每一碎片对应两个文件,共有 $2 \times 11 \times 19$ 个文件,例如,第一个碎片的两面分别对应文件 000a,000b.

【结果表达格式说明】

复原图片放入附录中,结果表达格式如下:

(1) 附件 1、附件 2 的结果:将碎片序号按复原后顺序填入 1×19 的表格.

(2) 附件 3、附件 4 的结果:将碎片序号按复原后顺序填入 11×19 的表格.

(3) 附件 5 的结果:将碎片序号按复原后顺序填入两个 11×19 的表格.

(4) 不能确定复原位置的碎片,可不填入上述表格,单独列表.

9.2.5 2014 年全国大学生数学建模竞赛题目

◇A 题　嫦娥三号软着陆轨道设计与控制策略◇

嫦娥三号于 2013 年 12 月 2 日 1 时 30 分成功发射,12 月 6 日抵达月球轨道.嫦娥三号在着陆准备轨道上的运行质量为 2.4 吨,其安装在下部的主减速发动机能够产生 1 500 N 到 7 500 N 的可调节推力,其比冲(单位质量的推进剂产生的冲量)为 2 940 m/s,可以满足调整速度的控制要求.在四周安装有姿态调整发动机,在给定主减速发动机的推力方向后,能够自动通过多个发动机的脉冲组合实现各种姿态的调整控制.嫦娥三号的预定着陆点为 19.51W,44.12N,海拔为 −2 641 m(见附件 1).

嫦娥三号在高速飞行的情况下,要保证准确地在月球预定区域内实现软着陆,关键问题是着陆轨道与控制策略的设计.其着陆轨道设计的基本要求:着陆准备轨道为近月点 15 km,远月点 100 km 的椭圆形轨道;着陆轨道为从近月点至着陆点,其软着陆过程共分为 6 个阶段(见附件 2),要求满足每个阶段在关键点所处的状态;尽量减少软着陆过程的燃料消耗.

根据上述的基本要求,请你们建立数学模型解决下面的问题:

(1) 确定着陆准备轨道近月点和远月点的位置,以及嫦娥三号相应速度的大小与方向.

(2) 确定嫦娥三号的着陆轨道和在 6 个阶段的最优控制策略.

(3) 对于你们设计的着陆轨道和控制策略做相应的误差分析和敏感性分析.

CUMCM2014A 附件

附件 1:问题的背景与参考资料

附件 2:嫦娥三号着陆过程的 6 个阶段及其状态要求

附件 3:距月面 2 400 m 处的数字高程图

附件 4:距月面 100 m 处的数字高程图

◇B 题　创意平板折叠桌◇

某公司生产一种可折叠的桌子,桌面呈圆形,桌腿随着铰链的活动可以平摊成一张平板(见图 9.5 和图 9.6).桌腿由若干根木条组成,分成两组,每组各用一根钢筋将木条连接,钢筋两端分别固定在桌腿各组最外侧的两根木条上,并且沿木条有空槽以保证滑动的自由度(见图 9.7).桌子外形由直纹曲面构成,造型美观.附件视频展示了折叠桌的动态变化过程.

图 9.5　折叠桌

试建立数学模型讨论下列问题:

(1) 给定长方形平板尺寸为 120 cm×50 cm×3 cm,每根木条宽2.5 cm,连接桌腿木条的钢筋固定在桌腿最外侧木条的中心位置,折叠后桌子的高度为 53 cm.试建立模型描述此折叠桌的动态变化过程，在此基础上给出此折叠桌的设计加工参数（如桌腿木条开槽的长度等）和桌脚边缘线（见图 9.8 中标记曲线）的数学描述.

图 9.6　平摊折叠桌

图 9.7　若干根木条组成桌腿

图 9.8　桌脚边缘线

(2) 折叠桌的设计应做到产品稳固性好、加工方便、用材最少. 对于任意给定的折叠桌高度和圆形桌面直径的设计要求，讨论长方形平板材料和折叠桌的最优设计加工参数，如平板尺寸、钢筋位置、开槽长度等. 对于桌高 70 cm，桌面直径 80 cm 的情形，确定最优设计加工参数.

(3) 公司计划开发一种折叠桌设计软件，根据客户任意设定的折叠桌高度、桌面边缘线的形状大小和桌脚边缘线的大致形状，给出所需平板材料的形状尺寸和切实可行的最优设计加工参数，使得生产的折叠桌尽可能接近客户所期望的形状. 你们团队的任务是帮助给出这一软件设计的数学模型，并根据所建立的模型给出几个你们自己设计的创意平板折叠桌. 要求给出相应的设计加工参数，画出至少 8 张动态变化过程的示意图.

CUMCM2014B **附件**

附件：视频

9.2.6　2015 年全国大学生数学建模竞赛题目

◇A 题　太阳影子定位 ◇

如何确定视频的拍摄地点和拍摄日期是视频数据分析的重要方面，太阳影子定位技术就是通过分析视频中物体的太阳影子变化，确定视频拍摄的地点和日期的一种方法.

(1) 建立影子长度变化的数学模型，分析影子长度关于各个参数的变化规律，并应用你们建立的模型画出 2015 年 10 月 22 日北京时间 9：00—15：00 天安门广场(116.38E，39.9N) 3 m 高的直杆的太阳影子长度的变化曲线.

(2) 根据某固定直杆在水平地面上的太阳影子顶点坐标数据，建立数学模型确定直杆所处的地点. 将你们的模型应用于附件 1 的影子顶点坐标数据，给出若干个可能的地点.

(3) 根据某固定直杆在水平地面上的太阳影子顶点坐标数据，建立数学模型确定直杆所处的地点和日期. 将你们的模型分别应用于附件 2 和附件 3 的影子顶点坐标数据，给出若干个可能的地点与日期.

(4) 附件 4 为一根直杆在太阳下的影子变化的视频，并且已通过某种方式估计出直杆的高度为 2 m. 请建立确定视频拍摄地点的数学模型，并应用你们的模型给出若干个可能的拍摄地点.

如果拍摄日期未知，你能否根据视频确定出拍摄地点与日期?

CUMCM2015A 附件

附件 1 ～ 附件 3：影子顶点坐标数据

附件 4：视频

◇B 题　“互联网 +”时代的出租车资源配置 ◇

出租车是市民出行的重要交通工具之一，“打车难”是人们关注的一个社会热点问题. 随着“互联网 +”时代的到来，有多家公司依托移动互联网建立了打车软件服务平台，实现了乘客与出租车司机之间的信息互通，同时推出了多种出租车的补贴方案.

请你们搜集相关数据，建立数学模型研究如下问题：

(1) 试建立合理的指标，并分析不同时空出租车资源的“供求匹配”程度.

(2) 分析各公司的出租车补贴方案是否对“缓解打车难”有帮助?

(3) 如果要创建一个新的打车软件服务平台，你们将设计什么样的补贴方案，并论证其合理性.

9.2.7　2016 年全国大学生数学建模竞赛题目

◇A 题　系泊系统的设计 ◇

近浅海观测网的传输节点由浮标系统、系泊系统和水声通信系统组成(见图 9.9). 某型传输节点的浮标系统可简化为底面直径 2 m、高 2 m 的圆柱体，浮标的质量为 1 000 kg. 系泊系统由钢管、钢桶、重物球、电焊锚链和特制的抗拖移锚组成. 锚的质量为 600 kg，锚链选用无挡普通链环，近浅海观测网的常用型号及其参数在表 9.1 中列出. 钢管共 4 节，每节长度 1 m，直径为 50 mm，每节钢管的质量为 10 kg. 要求锚链末端与锚的链接处的切线方向与海床的夹角不超过 16°，否则锚会被拖行，致使节点移位丢失. 水声通信系统安装在一个长 1 m、外径 30 cm 的密封圆柱形钢桶内，设备和钢桶总质量为 100 kg. 钢桶上接第 4 节钢管，下接电焊锚链. 钢桶竖直时，水声通信设备的工作效果最佳. 若钢桶倾斜，则影响设备的工作效果. 钢桶的倾斜角度(钢桶与竖直线的夹角)超过 5° 时，设备的工作效果较差. 为了控制钢桶的倾斜角度，钢桶与电焊锚链链接处可悬挂重物球.

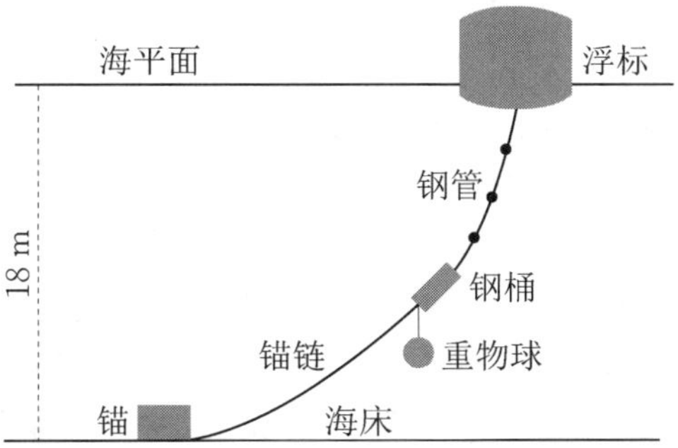

图 9.9　传输节点示意图(仅为结构模块示意图,未考虑尺寸比例)

表 9.1　锚链型号和参数

型号	长度 /mm	单位长度的质量 /(kg/m)
Ⅰ	78	3.2
Ⅱ	105	7
Ⅲ	120	12.5
Ⅳ	150	19.5
Ⅴ	180	28.12

注:长度是指每节链环的长度.

系泊系统的设计问题就是确定锚链的型号、长度和重物球的质量,使得浮标的吃水深度和游动区域及钢桶的倾斜角度尽可能小.

(1) 某型传输节点选用Ⅱ型电焊锚链 22.05 m,选用的重物球的质量为 1 200 kg. 现将该型传输节点布放在水深 18 m、海床平坦、海水密度为 1.025×10^3 kg/m^3 的海域. 若海水静止,分别计算海面风速为 12 m/s 和 24 m/s 时钢桶和各节钢管的倾斜角度、锚链形状、浮标的吃水深度和游动区域.

(2) 在问题 1 的假设下,计算海面风速为 36 m/s 时钢桶和各节钢管的倾斜角度、锚链形状和浮标的游动区域. 请调节重物球的质量,使得钢桶的倾斜角度不超过 5°,锚链在锚点与海床的夹角不超过 16°.

(3) 由于潮汐等因素的影响,布放海域的实测水深介于 16 m ～ 20 m. 布放点的海水速度最大可达到 1.5 m/s、风速最大可达到 36 m/s. 请给出考虑风力、水流力和水深情况下的系泊系统设计,分析不同情况下钢桶、钢管的倾斜角度、锚链形状、浮标的吃水深度和游动区域.

【说明】

近海风荷载可通过近似公式 $F=0.625Sv^2$(N) 计算,其中 S 为物体在风向法平面的投影面积(单位:m^2),v 为风速(单位:m/s). 近海水流力可通过近似公式 $F=374Sv^2$(N) 计算,其中 S 为物体在水流速度法平面的投影面积(单位:m^2),v 为水流速度(单位:m/s).

◇B 题　小区开放对道路通行的影响 ◇

2016 年 2 月 21 日,国务院发布《关于进一步加强城市规划建设管理工作的若干意见》,其中

第十六条关于推广街区制，原则上不再建设封闭住宅小区，已建成的住宅小区和单位大院要逐步开放等意见，引起了广泛的关注和讨论.

除开放小区可能引发的安保等问题外，议论的焦点之一是：开放小区能否达到优化路网结构，提高道路通行能力，改善交通状况的目的，以及改善效果如何. 一种观点认为封闭式小区破坏了城市路网结构，堵塞了城市"毛细血管"，容易造成交通阻塞. 小区开放后，路网密度提高，道路面积增加，通行能力自然会有提升. 也有人认为这与小区面积、位置、外部及内部道路状况等诸多因素有关，不能一概而论. 还有人认为小区开放后，虽然可通行道路增多了，相应地，小区周边主路上进出小区的交叉路口的车辆也会增多，也可能会影响主路的通行速度.

城市规划和交通管理部门希望你们建立数学模型，就小区开放对周边道路通行的影响进行研究，为科学决策提供定量依据，为此请你们尝试解决以下问题：

(1) 请选取合适的评价指标体系，用以评价小区开放对周边道路通行的影响.

(2) 请建立关于车辆通行的数学模型，用以研究小区开放对周边道路通行的影响.

(3) 小区开放产生的效果，可能会与小区结构及周边道路结构、车流量有关. 请选取或构建不同类型的小区，应用你们建立的模型，定量比较各类型小区开放前后对道路通行的影响.

(4) 根据你们的研究结果，从交通通行的角度，向城市规划和交通管理部门提出你们关于小区开放的合理化建议.

9.2.8 2017 年全国大学生数学建模竞赛题目

◇A 题 CT 系统参数标定及成像◇

计算机断层扫描(computed tomography，CT) 可以在不破坏样品的情况下，利用样品对射线能量的吸收特性对生物组织和工程材料的样品进行断层成像，由此获取样品内部的结构信息. 一种典型的二维 CT 系统如图 9.10 所示，平行入射的 X 射线垂直于探测器平面，每个探测器单元看成一个接收点，且等距排列. X 射线的发射器和探测器相对位置固定不变，整个发射-接收系统绕某固定的旋转中心逆时针旋转 180 次. 对每一个 X 射线方向，在具有 512 个等距单元的探测器上测量经位置固定不动的二维待检测介质吸收衰减后的射线能量，并经过增益等处理后得到 180 组接收信息.

CT 系统安装时往往存在误差，从而影响成像质量，因此需要对安装好的 CT 系统进行参数标定，即借助于已知结构的样品(称为模板) 标定 CT 系统的参数，并据此对未知结构的样品进行成像.

请建立相应的数学模型和算法，解决以下问题：

(1) 在正方形托盘上放置两个均匀固体介质组成的标定模板，模板的几何信息如图 9.11 所示，相应的数据文件见附件 1，其中每一点的数值反映了该点的吸收强度，这里称为"吸收率". 对应于该模板的接收信息见附件 2. 请根据这一模板及其接收信息，确定 CT 系统旋转中心在正方形托盘中的位置、探测器单元之间的距离以及该 CT 系统使用的 X 射线的 180 个方向.

(2) 附件 3 是利用上述 CT 系统得到的某未知介质的接收信息. 利用(1) 中得到的标定参数，确定该未知介质在正方形托盘中的位置、几何形状和吸收率等信息. 另外，请具体给出

图 9.12 所给的 10 个位置处的吸收率,相应的数据文件见附件 4.

(3) 附件 5 是利用上述 CT 系统得到的另一个未知介质的接收信息. 利用(1) 中得到的标定参数,给出该未知介质的相关信息. 另外,请具体给出图 9.12 所给的 10 个位置处的吸收率.

(4) 分析(1) 中参数标定的精度和稳定性. 在此基础上自行设计新模板、建立对应的标定模型,以改进标定精度和稳定性,并说明理由.

说明:(1)—(4) 中的所有数值结果均保留 4 位小数. 同时提供(2) 和(3) 重建得到的介质吸收率的数据文件(大小为 256×256,格式同附件 1,文件名分别为 problem2. xlsx 和 problem3. xlsx).

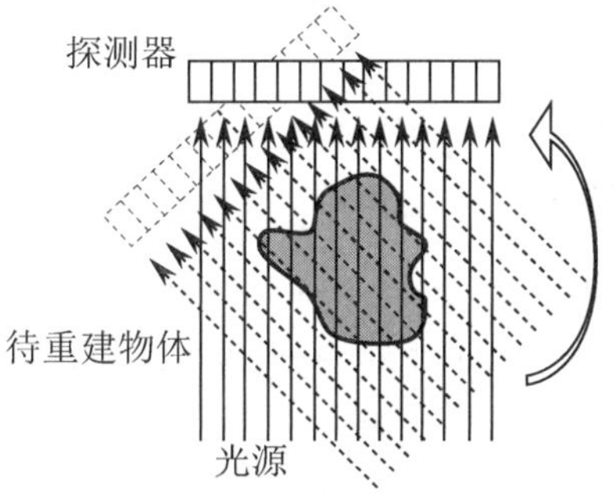

图 9.10 CT **系统示意图**

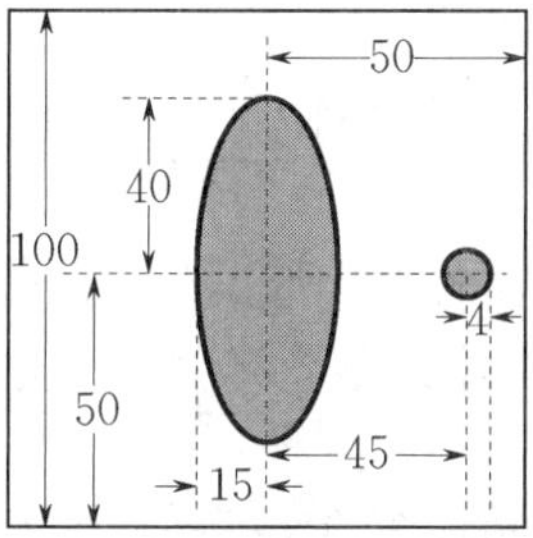

图 9.11 **模板示意图(单位:mm)**

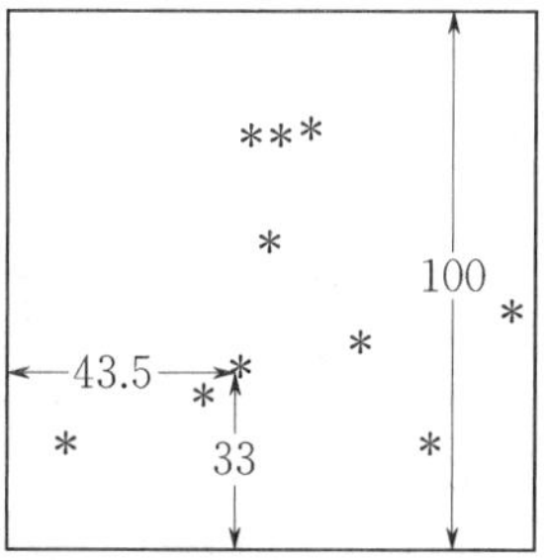

图 9.12 **10 个位置示意图(单位:mm)**

附件 1:模板的几何信息数据

附件 2:模板的接收信息数据

附件 3:某未知介质的接收信息数据

附件 4:10 个位置处的吸收率

附件 5:另一未知介质的接收信息数据

CUMCM2017A **附件**

◇B 题 "拍照赚钱"的任务定价◇

"拍照赚钱"是移动互联网下的一种自助式服务模式. 用户下载 App,注册成为 App 的会员,然后从 App 上领取需要拍照的任务(如上超市去检查某种商品的上架情况),赚取 App 对任务所标定的酬金. 这种基于移动互联网的自助式劳务众包平台,为企业提供各种商业检查和信息搜集,相比传统的市场调查方式可以大大节省调查成本,而且有效地保证了调查数据真实性,缩短了调查的周期. 因此,App 成为该平台运行的核心,而 App 中的任务定价又是其核心要素. 如果定价不合理,有的任务就会无人问津,而导致商品检查的失败.

附件 1 包含了每个已结束项目的任务的位置、定价和完成情况("1"表示完成,"0"表示未完成);附件 2 包含了会员的位置、信誉值、参考其信誉给出的预订任务开始时间和预订任务限额,原则上会员信誉越高,越优先开始挑选任务,其配额也就越大(任务分配时实际上是根据预订任务限额所占比例进行配发);附件 3 包含一个新的检查项目任务数据,只有任务的位置信息. 请回答下面的问题:

(1) 研究附件 1 中项目的任务定价规律,分析任务未完成的原因.

(2) 为附件 1 中的项目设计新的任务定价方案,并和原方案进行比较.

(3) 实际情况下,多个任务可能因为位置比较集中,导致用户会争相选择,一种考虑是将这些任务联合在一起打包发布. 在这种考虑下，如何修改前面的定价模型，对最终的任务完成情况又有什么影响？

(4) 对附件 3 中的新项目给出你的任务定价方案，并评价该方案的实施效果.

CUMCM2017B 附件

附件 1：已结束项目任务数据

附件 2：会员信息数据

附件 3：新项目任务数据

9.2.9 2018 年全国大学生数学建模竞赛题目

◇A 题　高温作业专用服装设计 ◇

在高温环境下工作时，人们需要穿着专用服装以避免灼伤. 专用服装通常由三层织物材料构成，记为 Ⅰ，Ⅱ，Ⅲ 层，其中 Ⅰ 层与外界环境接触，Ⅲ 层与皮肤之间还存在空隙，将此空隙记为 Ⅳ 层.

为设计专用服装，将体内温度控制在 37 ℃ 的假人放置在实验室的高温环境中，测量假人皮肤外侧的温度. 为了降低研发成本、缩短研发周期，请你们利用数学模型来确定假人皮肤外侧的温度变化情况，并解决以下问题：

(1) 专用服装材料的某些参数值由附件 1 给出，对环境温度为 75 ℃、Ⅱ 层厚度为 6 mm、Ⅳ 层厚度为 5 mm、工作时间为 90 min 的情形开展实验，测量得到假人皮肤外侧的温度(见附件 2). 建立数学模型，计算温度分布，并生成温度分布的 Excel 文件(文件名为 problem1. xlsx).

(2) 当环境温度为 65 ℃、Ⅳ 层的厚度为 5. 5 mm 时，确定 Ⅱ 层的最优厚度，确保工作 60 min 时，假人皮肤外侧温度不超过 47 ℃，且超过 44 ℃ 的时间不超过 5 min.

(3) 当环境温度为 80 ℃ 时，确定Ⅱ层和 Ⅳ 层的最优厚度，确保工作 30 min 时，假人皮肤外侧温度不超过 47 ℃，且超过 44 ℃ 的时间不超过 5 min.

CUMCM2018A 附件

附件 1：专用服装材料的参数值

附件 2：假人皮肤外侧的测量温度

◇B 题　智能 RGV 的动态调度策略 ◇

图 9. 13 是一个智能加工系统的示意图，由 8 台计算机数控机床(computer numerical controller，CNC)、1 辆轨道式自动引导车(rail guide vehicle，RGV)、1 条 RGV 直线轨道、1 条上料传送带、1 条下料传送带等附属设备组成. RGV 是一种无人驾驶、能在固定轨道上自由运行的智能车. 它根据指令能自动控制移动方向和距离，并自带一个机械手臂、两只机械手爪和物料清洗槽，能够完成上下料及清洗物料等作业任务(见附件 1).

针对下面的三种具体情况：

(1) 一道工序的物料加工作业情况，每台 CNC 安装同样的刀具，物料可以在任一台 CNC 上加工完成.

(2) 两道工序的物料加工作业情况，每个物料的第一和第二道工序分别由两台不同的 CNC 依次加工完成.

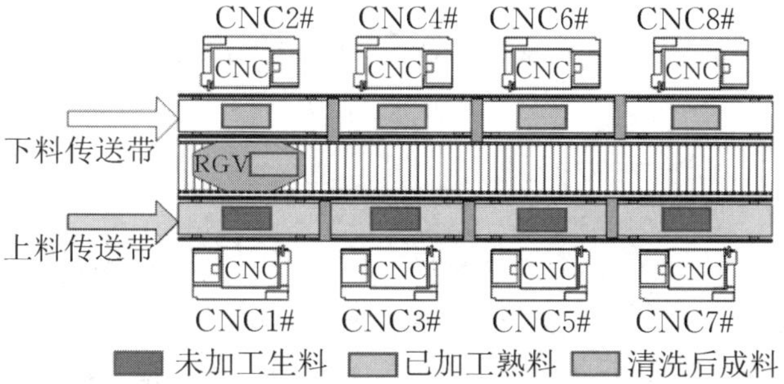

图 9.13 智能加工系统示意图

(3) CNC 在加工过程中可能发生故障(据统计:故障的发生概率约为 1%)的情况,每次故障排除(人工处理,未完成的物料报废)时间介于 10 ~ 20 min,故障排除后即刻加入作业序列.要求分别考虑一道工序和两道工序的物料加工作业情况.

请你们团队完成下列两项任务:

(1) 对一般问题进行研究,给出 RGV 动态调度模型和相应的求解算法.

(2) 利用表 9.2 中系统作业参数的 3 组数据分别检验模型的实用性和算法的有效性,给出 RGV 的调度策略和系统的作业效率,并将具体的结果分别填入附件 2 的 Excel 工作表中.

表 9.2 智能加工系统作业参数的 3 组数据表 单位:s

系统作业参数	第 1 组	第 2 组	第 3 组
RGV 移动 1 个单位所需时间	20	23	18
RGV 移动 2 个单位所需时间	33	41	32
RGV 移动 3 个单位所需时间	46	59	46
CNC 加工完成 1 个一道工序的物料所需时间	560	580	545
CNC 加工完成 1 个两道工序物料的第一道工序所需时间	400	280	455
CNC 加工完成 1 个两道工序物料的第二道工序所需时间	378	500	182
RGV 为 CNC1#,3#,5#,7# 一次上下料所需时间	28	30	27
RGV 为 CNC2#,4#,6#,8# 一次上下料所需时间	31	35	32
RGV 完成 1 个物料的清洗作业所需时间	25	30	25

注:每班次连续作业 8 h.

附件 1:智能加工系统的组成与作业流程

附件 2:模型验证结果的 Excel 表

CUMCM2018B **附件**

9.2.10 2019 年全国大学生数学建模竞赛题目

◇A 题 高压油管的压力控制◇

燃油进入和喷出高压油管是许多燃油发动机工作的基础,图 9.14 给出了某高压燃油系统的工作原理，燃油经过高压油泵从 A 处进入高压油管，再由喷口 B 喷出. 燃油进入和喷出的间歇性工作过程会导致高压油管内压力的变化，使得所喷出的燃油量出现偏差，从而影响发动机的工作效率.

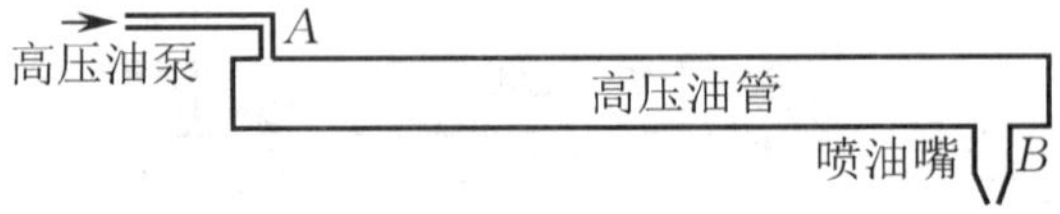

图 9.14　高压油管示意图

(1) 某型号高压油管的内腔长度为 500 mm，内直径为 10 mm，供油入口 A 处小孔的直径为 1.4 mm，通过单向阀开关控制供油时间的长短，单向阀每打开一次后就要关闭 10 ms. 喷油器每秒工作 10 次，每次工作时喷油时间为 2.4 ms，喷油器工作时从喷油嘴 B 处向外喷油的速率如图 9.15 所示. 高压油泵在入口 A 处提供的压力恒为 160 MPa，高压油管内的初始压力为 100 MPa. 如果要将高压油管内的压力尽可能稳定在 100 MPa 左右，如何设置单向阀每次开启的时长？如果要将高压油管内的压力从 100 MPa 增加到 150 MPa，且分别经过约 2 s，5 s 和 10 s 的调整过程后稳定在 150 MPa，单向阀开启的时长应如何调整？

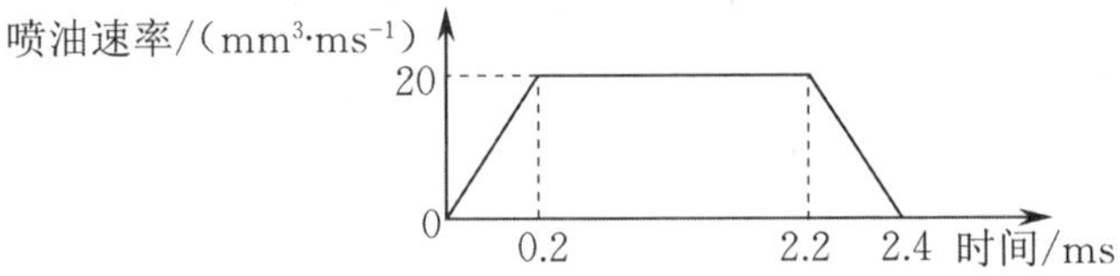

图 9.15　喷油速率示意图

(2) 在实际工作过程中，高压油管 A 处的燃油来自高压油泵的柱塞腔出口，喷油由喷油嘴的针阀控制. 高压油泵柱塞的压油过程如图 9.16 所示，凸轮驱动柱塞上下运动，凸轮边缘曲线与角度的关系见附件 1. 柱塞向上运动时压缩柱塞腔内的燃油，当柱塞腔内的压力大于高压油管内的压力时，柱塞腔与高压油管连接的单向阀开启，燃油进入高压油管内. 柱塞腔内直径为 5 mm，柱塞运动到上止点位置时，柱塞腔残余容积为 20 mm^3. 柱塞运动到下止点时，低压燃油会充满柱塞腔（包括残余容积），低压燃油的压力为 0.5 MPa. 喷油器喷嘴结构如图 9.17 所示，针阀直径为 2.5 mm、密封座是半角为 9° 的圆锥，最下端喷孔的直径为 1.4 mm. 针阀升程为 0 时，针阀关闭；针阀升程大于 0 时，针阀开启，燃油向喷孔流动，通过喷孔喷出. 在一个喷油周期内针阀升程与时间的关系由附件 2 给出. 在(1) 中给出的喷油器工作次数、高压油管尺寸和初始压力下，确定凸轮的角速度，使得高压油管内的压力尽量稳定在 100 MPa 左右.

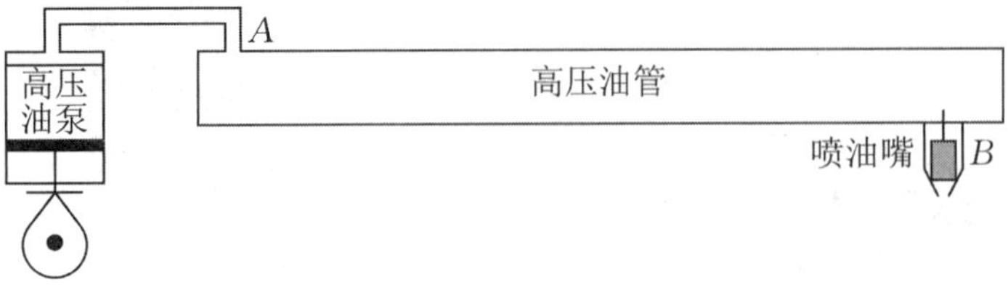

图 9.16　高压油管实际工作过程示意图

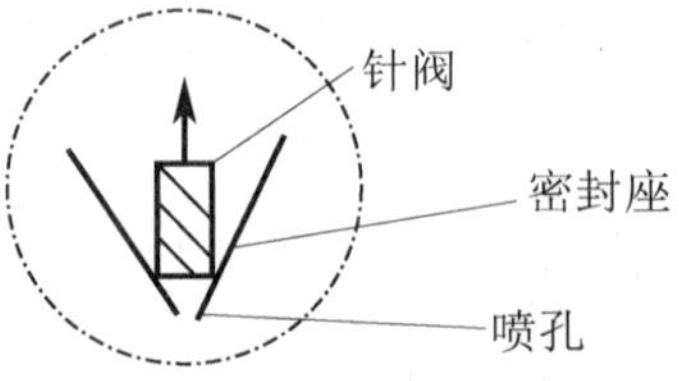

图 9.17　喷油器喷嘴放大后的示意图

(3) 在(2) 的基础上，再增加一个喷油嘴，每个喷嘴喷油规律相同，喷油和供油策略应如何调整？为了更有效地控制高压油管的压力，现计划在 D 处安装一个单向减压阀（见图 9.18）. 单向减压阀出口为直径为 1.4 mm 的圆，打开后高压油管内的燃油可以在压力下回流到外部低压油路中，从而使得高压油管内燃油的压力减小. 请给出高压油泵和减压阀的控制方案.

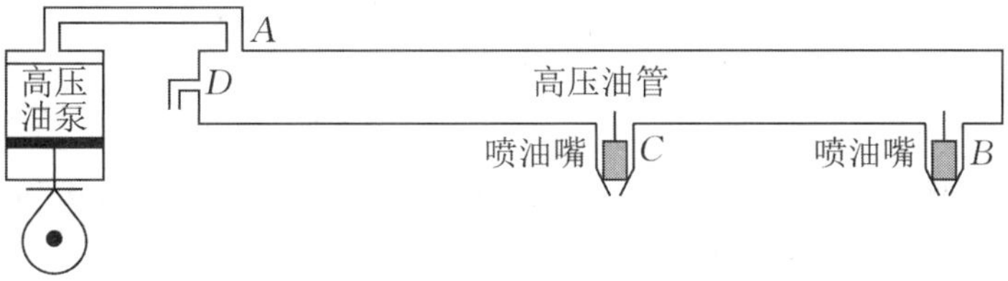

图 9.18 具有减压阀和两个喷油嘴时高压油管示意图

注意：(1) 燃油的压力变化量与密度变化量成正比，比例系数为 $\frac{E}{\rho}$，其中 ρ 为燃油的密度. 当压力为 100 MPa 时，燃油的密度为 0.850 mg/mm^3. E 为弹性模量，其与压力的关系见附件 3.

(2) 进出高压油管的流量为 $Q = CA\sqrt{\frac{2\Delta P}{\rho}}$，其中 Q 为单位时间流过小孔的燃油量(单位：mm^3/ms)，$C = 0.85$ 为流量系数，A 为小孔的面积(单位：mm^2)，ΔP 为小孔两边的压力差(单位：MPa)，ρ 为高压侧燃油的密度(单位：mg/mm^3).

附件 1：凸轮边缘曲线

附件 2：针阀运动曲线

附件 3：弹性模量与压力的关系

CUMCM2019A **附件**

◇B 题 “同心协力”策略研究◇

“同心协力”(又称“同心鼓”)是一项团队协作能力拓展项目(见图 9.19①). 该项目的道具是一面牛皮双面鼓，鼓身中间固定多根绳子，绳子在鼓身上的固定点沿圆周呈均匀分布，每根绳子长度相同. 团队成员每人牵拉一根绳子，使鼓面保持水平. 项目开始时，球从鼓面中心上方竖直落下，队员同心协力将球颠起，使其有节奏地在鼓面上跳动. 颠球过程中，队员只能抓握绳子的末端，不能接触鼓或绳子的其他位置.

图 9.19 “同心协力”拓展项目

① 图片来源 https://yjs.syu.edu.cn/_mediafile/yjs/2017/10/26/32yuesec78.png

项目所用排球的质量为 270 g. 鼓面直径为 40 cm，鼓身高度为 22 cm，鼓的质量为 3.6 kg. 队员人数不少于 8 人，队员之间的最小距离不得小于 60 cm. 项目开始时，球从鼓面中心上方 40 cm 处竖直落下，球被颠起的高度应离开鼓面 40 cm 以上，如果低于 40 cm，则项目停止. 项目的目标是使得连续颠球的次数尽可能多.

试建立数学模型解决以下问题：

(1) 在理想状态下，每个人都可以精确控制用力方向、时机和力度，试讨论这种情形下团队的最佳协作策略，并给出该策略下的颠球高度.

(2) 在现实情形中，队员发力时机和力度不可能做到精确控制，存在一定误差，于是鼓面可能出现倾斜. 试建立模型描述队员的发力时机和力度与某一特定时刻的鼓面倾斜角度的关系. 设队员人数为 8，绳长为 1.7 m，鼓面初始时刻是水平静止的，初始位置较绳子水平时下降 11 cm，表 9.3 中给出了队员们的不同发力时机(单位：s) 和力度(单位：N)，求 0.1 s 时鼓面的倾斜角度.

表 9.3　发力时机和力度取值

序号	用力参数	1	2	3	4	5	6	7	8	鼓面倾角 /(°)
1	发力时机	0	0	0	0	0	0	0	0	
	力度	**90**	80	80	80	80	80	80	80	
2	发力时机	0	0	0	0	0	0	0	0	
	力度	**90**	**90**	80	80	80	80	80	80	
3	发力时机	0	0	0	0	0	0	0	0	
	力度	**90**	80	80	**90**	80	80	80	80	
4	发力时机	**−0.1**	0	0	0	0	0	0	0	
	力度	80	80	80	80	80	80	80	80	
5	发力时机	**−0.1**	**−0.1**	0	0	0	0	0	0	
	力度	80	80	80	80	80	80	80	80	
6	发力时机	**−0.1**	0	0	**−0.1**	0	0	0	0	
	力度	80	80	80	80	80	80	80	80	
7	发力时机	**−0.1**	0	0	0	0	0	0	0	
	力度	**90**	80	80	80	80	80	80	80	
8	发力时机	0	**−0.1**	0	0	**−0.1**	0	0	0	
	力度	90	80	80	90	80	80	80	80	
9	发力时机	0	0	0	0	**−0.1**	0	0	**−0.1**	
	力度	**90**	80	80	**90**	80	80	80	80	

(3) 在现实情形中，根据(2) 的模型，你们在(1) 中给出的策略是否需要调整？如果需要，如何调整？

(4) 当鼓面发生倾斜时，球跳动方向不再竖直，于是需要队员调整拉绳策略. 假设人数为 10，绳长为 2 m，球的反弹高度为 60 cm，相对于竖直方向产生 1° 的倾斜角度，且倾斜方向在水平面的投影指向某两位队员之间，与这两位队员的夹角之比为 1 : 2. 为了将球调整为竖直状态弹跳，请给出在可精确控制条件下所有队员的发力时机及力度，并分析在现实情形中这种调整策略的实施效果.

◇C 题　机场的出租车问题◇

大多数乘客下飞机后要去市区(或周边)的目的地，出租车是主要的交通工具之一. 国内多数机场都是将送客(出发)与接客(到达)通道分开的. 送客到机场的出租车司机都将会面临两个选择：

(A) 前往到达区排队等待载客返回市区. 出租车必须到指定的"蓄车池"排队等候，依"先来后到"排队进场载客，等待时间长短取决于排队出租车和乘客的数量多少，需要付出一定的时间成本.

(B) 直接放空返回市区拉客. 出租车司机会付出空载费用和可能损失潜在的载客收益.

在某时间段抵达的航班数量和"蓄车池"里已有的车辆数是司机可观测到的确定信息. 通常司机的决策与其个人的经验判断有关，如在某个季节与某时间段抵达航班的多少和可能乘客数量的多寡等. 如果乘客在下飞机后想"打车"，就要到指定的"乘车区"排队，按先后顺序乘车. 机场出租车管理人员负责"分批定量"放行出租车进入"乘车区"，同时安排一定数量的乘客上车. 在实际中，还有很多影响出租车司机决策的确定和不确定因素，其关联关系各异，影响效果也不尽相同.

请你们团队结合实际情况，建立数学模型研究下列问题：

(1) 分析研究与出租车司机决策相关因素的影响机理，综合考虑机场乘客数量的变化规律和出租车司机的收益，建立出租车司机选择决策模型，并给出司机的选择策略.

(2) 收集国内某一机场及其所在城市出租车的相关数据，给出该机场出租车司机的选择方案，并分析模型的合理性和对相关因素的依赖性.

(3) 在某些时候，经常会出现出租车排队载客和乘客排队乘车的情况. 某机场"乘车区"现有两条并行车道，管理部门应如何设置"上车点"，并合理安排出租车和乘客，在保证车辆和乘客安全的条件下，使得总的乘车效率最高.

(4) 机场的出租车载客收益与载客的行驶里程有关，乘客的目的地有远有近，出租车司机不能选择乘客和拒载，但允许出租车多次往返载客. 管理部门拟对某些短途载客再次返回的出租车给予一定的"优先权"，使得这些出租车的收益尽量均衡，试给出一个可行的"优先"安排方案.

9.2.11　2020 年全国大学生数学建模竞赛题目

◇A 题　炉温曲线◇

在集成电路板等电子产品生产中，需要将安装有各种电子元件的印刷电路板放置在回焊炉中，通过加热，将电子元件自动焊接到电路板上. 在这个生产过程中，让回焊炉的各部分保持工艺要求的温度，对产品质量至关重要. 目前，这方面的许多工作是通过实验测试来进行控制和调整的. 本题旨在通过机理模型来进行分析研究.

回焊炉内部设置若干个小温区，它们从功能上可分成4个大温区：预热区、恒温区、回流区、冷却区(见图9.20). 电路板两侧搭在传送带上匀速进入炉内进行加热焊接.

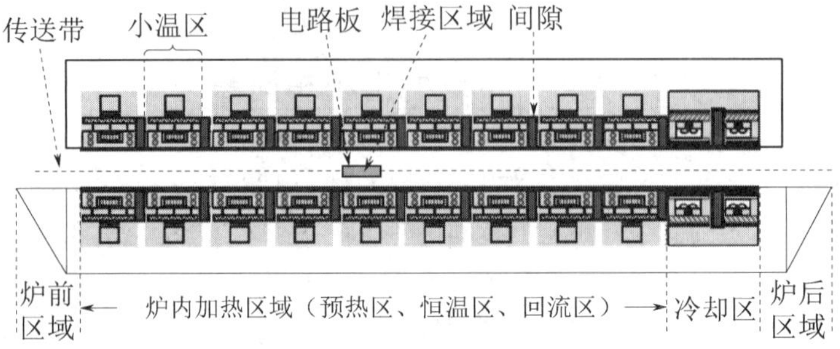

图 9.20　回焊炉截面示意图

某回焊炉内有11个小温区及炉前区域和炉后区域，每个小温区长度为30.5 cm，相邻小温区之间有5 cm的间隙，炉前区域和炉后区域长度均为25 cm.

回焊炉启动后，炉内空气温度会在短时间内达到稳定，此后，回焊炉方可进行焊接工作. 炉前区域、炉后区域以及小温区之间的间隙不做特殊的温度控制，其温度与相邻温区的温度有关，各温区边界附近的温度也可能受到相邻温区温度的影响. 另外，生产车间的温度保持在25 ℃.

在设定各温区的温度和传送带的过炉速度后，可以通过温度传感器测试某些位置上焊接区域中心的温度，称之为炉温曲线(焊接区域中心温度曲线). 附件是某次实验中炉温曲线的数据，各温区设定的温度分别为175 ℃(小温区1～5)、195 ℃(小温区6)、235 ℃(小温区7)、255 ℃(小温区8～9)及25 ℃(小温区10～11)；传送带的过炉速度为70 cm/min；焊接区域的厚度为0.15 mm. 温度传感器在焊接区域中心的温度达到30 ℃时开始工作，电路板进入回焊炉开始计时.

实际生产时可以通过调节各温区的设定温度和传送带的过炉速度来控制产品质量. 在上述实验设定温度的基础上，各小温区设定温度可以进行±10 ℃范围内的调整. 调整时要求小温区1～5中的温度保持一致，小温区8～9中的温度保持一致，小温区10～11中的温度保持25 ℃. 传送带的过炉速度调节范围为65～100 cm/min.

在回焊炉电路板焊接生产中，炉温曲线应满足一定的要求，称为制程界限(见表9.4).

表 9.4　制程界限

界限名称	最低值	最高值	单位
温度上升斜率	0	3	℃/s
温度下降斜率	−3	0	℃/s
温度上升过程中在150 ℃～190 ℃的时间	60	120	s
温度大于217 ℃的时间	40	90	s
峰值温度	240	250	℃

请你们团队回答下列问题：

(1) 请对焊接区域的温度变化规律建立数学模型. 假设传送带过炉速度为78 cm/min，各温区温度的设定值分别为173 ℃(小温区1～5)、198 ℃(小温区6)、230 ℃(小温区7)和257 ℃(小温区 8～9)，请给出焊接区域中心的温度变化情况，列出小温区 3，6，7 中点及小温区 8 结束处焊接区域中心的温度，画出相应的炉温曲线，并将每隔 0.5 s 焊接区域中心的温度存入 result.csv.

(2) 假设各温区温度的设定值分别为 182 ℃(小温区 1～5)、203 ℃(小温区 6)、237 ℃(小温区 7)、254 ℃(小温区 8～9)，请确定允许的最大传送带过炉速度.

(3) 在焊接过程中，焊接区域中心的温度超过 217 ℃ 的时间不宜过长，峰值温度也不宜过高. 理想的炉温曲线应使超过 217 ℃ 到峰值温度所覆盖的面积(见图 9.21 中阴影部分) 最小. 请确定在此要求下的最优炉温曲线，以及各温区的设定温度和传送带的过炉速度，并给出相应的面积.

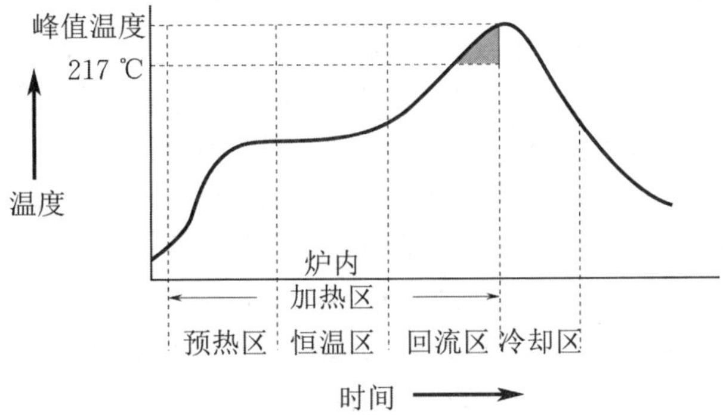

图 9.21 炉温曲线示意图

(4) 在焊接过程中，除满足制程界限外，还希望以峰值温度为中心线的两侧超过 217 ℃ 的炉温曲线应尽量对称. 请结合(3)，进一步给出最优炉温曲线，以及各温区设定的温度及传送带过炉速度，并给出相应的指标值.

CUMCM2020A **附件**

附件：某次实验中的炉温曲线的数据

◇B 题 穿越沙漠 ◇

考虑如下的小游戏：玩家凭借一张地图，利用初始资金购买一定数量的水和食物(包括食品和其他日常用品)，从起点出发，在沙漠中行走. 途中会遇到不同的天气，也可在矿山、村庄补充资金或资源，目标是在规定时间内到达终点，并保留尽可能多的资金.

游戏的基本规则如下：

(1) 以天为基本时间单位，游戏的开始时间为第 0 天，玩家位于起点. 玩家必须在截止日期或之前到达终点，到达终点后该玩家的游戏结束.

(2) 穿越沙漠需水和食物两种资源，它们的最小计量单位均为箱. 每天玩家拥有的水和食物质量之和不能超过负重上限. 若未到达终点而水或食物已耗尽，视为游戏失败.

(3) 每天的天气为“晴朗”“高温”“沙暴”三种状况之一，沙漠中所有区域的天气相同.

(4) 每天玩家可从地图中的某个区域到达与之相邻的另一个区域，也可在原地停留. 沙暴日必须在原地停留.

(5) 玩家在原地停留一天消耗的资源数量称为基础消耗量，行走一天消耗的资源数量为基础消耗量的 2 倍.

(6) 玩家第 0 天可在起点处用初始资金以基准价格购买水和食物. 玩家可在起点停留或回到起点,但不能多次在起点购买资源. 玩家到达终点后可退回剩余的水和食物,每箱退回价格为基准价格的一半.

(7) 玩家在矿山停留时,可通过挖矿获得资金,挖矿一天获得的资金量称为基础收益. 如果挖矿,消耗的资源数量为基础消耗量的 3 倍;如果不挖矿,消耗的资源数量为基础消耗量. 到达矿山当天不能挖矿. 沙暴日也可挖矿.

(8) 玩家经过或在村庄停留时可用剩余的初始资金或挖矿获得的资金随时购买水和食物,每箱价格为基准价格的 2 倍.

请根据游戏的不同设定,建立数学模型,解决以下问题.

(1) 假设只有一名玩家,在整个游戏时段内每天天气状况事先全部已知,试给出一般情况下玩家的最优策略. 求解附件中的"第一关" 和"第二关",并将相应结果分别填入 result. xlsx.

(2) 假设只有一名玩家,玩家仅知道当天的天气状况,可据此决定当天的行动方案,试给出一般情况下玩家的最佳策略,并对附件中的"第三关" 和"第四关" 进行具体讨论.

(3) 现有 n 名玩家,他们有相同的初始资金,且同时从起点出发. 若某天其中的任意 $k(2 \leqslant k \leqslant n)$ 名玩家均从区域 A 行走到区域 B(B $\neq$ A),则他们中的任一位消耗的资源数量均为基础消耗量的 $2k$ 倍;若某天其中的任意 $k(2 \leqslant k \leqslant n)$ 名玩家在同一矿山挖矿,则他们中的任一位消耗的资源数量均为基础消耗量的 3 倍,且每名玩家一天可通过挖矿获得的资金是基础收益的 $\frac{1}{k}$;若某天其中的任意 $k(2 \leqslant k \leqslant n)$ 名玩家在同一村庄购买资源,每箱价格均为基准价格的 4 倍. 其他情况下消耗资源数量与资源价格与单人游戏相同.

① 假设在整个游戏时段内每天天气状况事先全部已知,每名玩家的行动方案需在第 0 天确定且此后不能更改. 试给出一般情况下玩家应采取的策略,并对附件中的"第五关" 进行具体讨论.

② 假设所有玩家仅知道当天的天气状况,从第 1 天起,每名玩家在当天行动结束后均知道其余玩家当天的行动方案和剩余的资源数量,随后确定各自第二天的行动方案. 试给出一般情况下玩家应采取的策略,并对附件中的"第六关" 进行具体讨论.

注意:(1) 附件所给地图中,有公共边界的两个区域称为相邻,仅有公共顶点而没有公共边界的两个区域不视作相邻.

(2) result. xlsx 中剩余资金数(剩余水量、剩余食物量) 指当日所需资源全部消耗完毕后的资金数(水量、食物量). 若当日还有购买行为,则指完成购买后的资金数(水量、食物量).

CUMCM2020B **附件**

附件:游戏关卡设定

◇C 题　中小微企业的信贷决策 ◇

在实际中,由于中小微企业规模相对较小,也缺少抵押资产,因此银行通常是依据信贷政策、企业的交易票据信息和上下游企业的影响力,向实力强、供求关系稳定的企业提供贷款,并可以对信誉高、信贷风险小的企业给予利率优惠. 银行首先根据中小微企业的实力、信誉对其信贷风险做出评估,然后依据信贷风险等因素来确定是否放贷及贷款额度、利率和期限等信贷策略.

某银行对确定要放贷企业的贷款额度为 10 ～ 100 万元;年利率为 4% ～ 15%;贷款期限为

1 年. 附件 1 ～ 附件 3 分别给出了 123 家有信贷记录企业的相关数据、302 家无信贷记录企业的相关数据和贷款利率与客户流失率关系的 2019 年统计数据. 该银行请你们团队根据实际和附件中的数据信息，通过建立数学模型研究对中小微企业的信贷策略，主要解决下列问题：

(1) 对附件 1 中 123 家企业的信贷风险进行量化分析，给出该银行在年度信贷总额固定时对这些企业的信贷策略.

(2) 在(1) 的基础上，对附件 2 中 302 家企业的信贷风险进行量化分析，并给出该银行在年度信贷总额为 1 亿元时对这些企业的信贷策略.

(3) 企业的生产经营和经济效益可能会受到一些突发因素影响，而且突发因素往往对不同行业、不同类别的企业会有不同的影响. 综合考虑附件 2 中各企业的信贷风险和可能的突发因素(如新冠病毒疫情) 对各企业的影响，给出该银行在年度信贷总额为 1 亿元时的信贷调整策略.

附件 1：123 家有信贷记录企业的相关数据

附件 2：302 家无信贷记录企业的相关数据

附件 3：银行贷款年利率与客户流失率关系的 2019 年统计数据

CUMCM2020C 附件

【附件数据说明】

(1) 进项发票：企业进货(购买产品) 时销售方为其开具的发票.

(2) 销项发票：企业销售产品时为购货方开具的发票.

(3) 有效发票：为正常的交易活动开具的发票.

(4) 作废发票：在为交易活动开具发票后，因故取消了该项交易，使发票作废.

(5) 负数发票：在为交易活动开具发票后，企业已入账计税，之后购方因故发生退货并退款，此时，需开具的负数发票.

(6) 信誉评级：银行内部根据企业的实际情况人工评定的，银行对信誉评级为 D 的企业原则上不予放贷.

(7) 客户流失率：因为贷款利率等因素银行失去潜在客户的比率.

9.2.12　2021 年全国大学生数学建模竞赛题目

◇A 题　“FAST” 主动反射面的形状调节 ◇

中国天眼 ——500 m 口径球面射电望远镜(five-hundred-meter aperture spherical radio telescope，FAST)，是我国具有自主知识产权的目前世界上单口径最大、灵敏度最高的射电望远镜. 它的落成启用，对我国在科学前沿实现重大原创突破、加快创新驱动发展具有重要意义.

FAST 由主动反射面、信号接收系统(馈源舱) 以及相关的控制、测量和支承系统组成(见图 9.22)，其中主动反射面系统是由主索网、反射面板、下拉索、促动器及支承结构等主要部件构成的一个可调节球面. 主索网由柔性主索按照短程线三角网格方式构成，用于支承反射面板(含背架结构)，每个三角网格上安装一块反射面板，整个索网固定在周边支承结构上. 每个主索节点连接一根下拉索，下拉索下端与固定在地表的促动器连接，实现对主索网的形态控制. 反射面板间有一定缝隙，能够确保反射面板在变位时不会被挤压、拉扯而变形. 索网整体结构、反射面板及其连接如图 9.23 和图 9.24 所示.

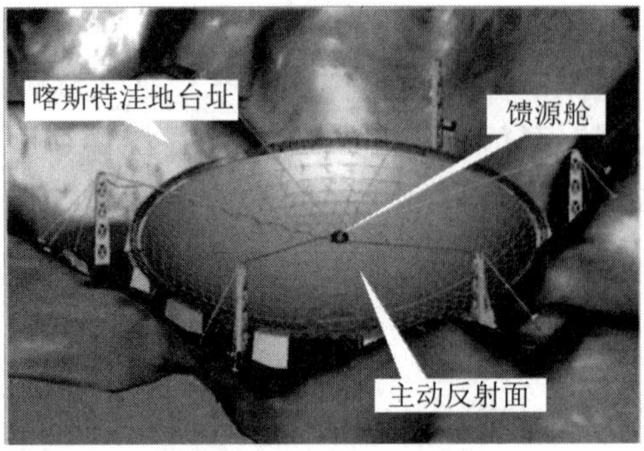

图 9.22 FAST 三维示意图

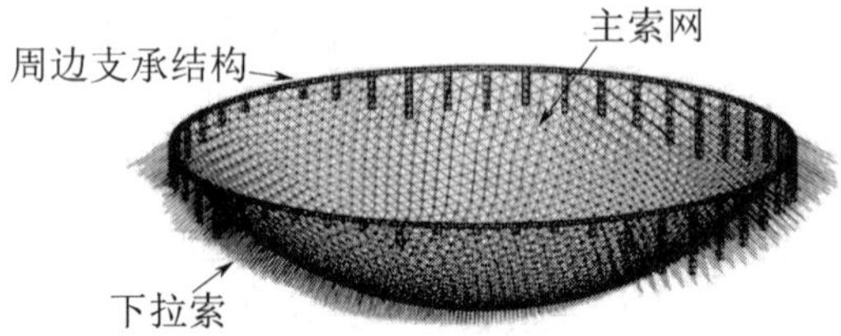

图 9.23 整体索网结构

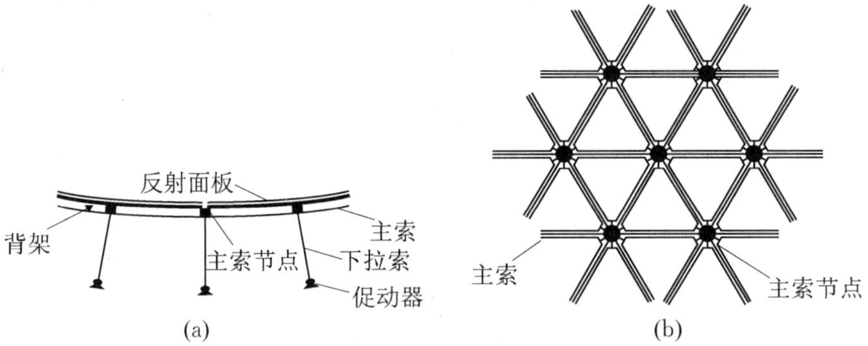

图 9.24 反射面板、主索网结构及其连接示意图

主动反射面可分为两个状态：基准态和工作态. 基准态时反射面为半径约 300 m、口径为 500 m 的球面（基准球面）；工作态时反射面的形状被调节为一个 300 m 口径的近似旋转抛物面（工作抛物面）. 图 9.25 是 FAST 在观测时的剖面示意图，点 C 是基准球面的球心，馈源舱接收平面的中心只能在与基准球面同心的一个球面（焦面）上移动，两同心球面的半径差为 $F=0.466R$（其中 R 为基准球面半径，称 F/R 为焦径比）. 馈源舱接收信号的有效区域为直径 1 m 的中心圆盘. 当 FAST 观测某个方向的天体目标 S 时，馈源舱接收平面的中心被移动到直线 SC 与焦面的交点 P 处，调节基准球面上的部分反射面板形成以直线 SC 为对称轴、以 P 为焦点的近似旋转抛物面，从而将来自目标天体的平行电磁波反射汇聚到馈源舱的有效区域.

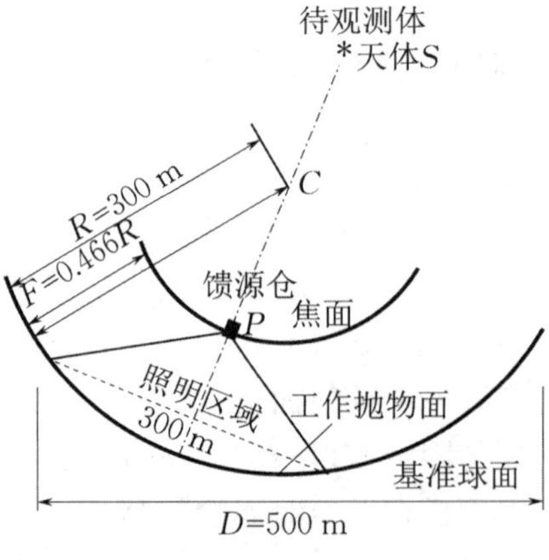

图 9.25 FAST 剖面示意图

将反射面调节为工作抛物面是主动反射面技术的关键，该过程通过下拉索与促动器配合来完成. 下拉索长度固定. 促动器沿基准球面径向安装，其底端固定在地面，顶端可沿基准球面径向伸缩来完成下拉索的调节，从而调节反射面板的位置，最终形成工作抛物面.

本题要解决的问题是：在反射面板调节约束下，确定一个理想抛物面，然后通过调节促动器的径向伸缩量，将反射面调节为工作抛物面，使得该工作抛物面尽量贴近理想抛物面，以获得天体电磁波经反射面反射后的最佳接收效果.

请你们团队根据附录中的要求及相关参数建立模型解决以下问题：

(1) 当待观测天体 S 位于基准球面正上方，即 $\alpha = 0^\circ, \beta = 90^\circ$ 时，结合考虑反射面板调节因素，确定理想抛物面.

(2) 当待观测天体 S 位于 $\alpha = 36.795^\circ, \beta = 78.169^\circ$ 时，确定理想抛物面. 建立反射面板调节模型，调节相关促动器的伸缩量，使反射面尽量贴近该理想抛物面. 将理想抛物面的顶点坐标，以及调节后反射面 300 m 口径内的主索节点编号、位置坐标、各促动器的伸缩量等结果按照规定的格式(见附件 4) 存入 result. xlsx.

(3) 基于(2) 的反射面调节方案，计算调节反馈源舱的接收比，即馈源舱有效区域接收到的反射信号与 300 m 口径内反射面的反射信号之比，并与基准反射球面的接收比进行比较.

【要求及相关参数说明】

(1) 主动反射面共有主索节点 2 226 个，节点间连接主索 6 525 根，不考虑周边支承结构连接的部分反射面板，共有反射面板 4 300 块. 基准球面的球心在坐标原点，附件 1 给出了所有主索节点的坐标和编号，附件 2 给出了促动器下端点(地锚点) 坐标、基准态时上端点(顶端) 的坐标，以及促动器对应的主索节点编号，附件 3 给出了 4 300 块反射面板对应的主索节点编号.

(2) 基准态下，所有主索节点均位于基准球面上.

(3) 每一块反射面板均为基准球面的一部分. 反射面板上开有许多直径小于 5 mm 的小圆孔，用于透漏雨水. 由于小孔的直径小于所观察的天体电磁波的波长，不影响对天体电磁波的反射，因此可以认为面板是无孔的.

(4) 电磁波信号及反射信号均视为直线传播.

(5) 主索节点调节后，相邻节点之间的距离可能会发生微小变化，变化幅度不超过 0.07%.

(6) 将主索节点坐标作为对应的反射面板顶点坐标.

(7) 通过促动器顶端的伸缩，可控制主索节点的移动变位，但连接主索节点与促动器顶端的下拉索的长度保持不变. 促动器伸缩沿基准球面径向趋向球心方向为正向. 假设基准状态下，促动器顶端径向伸缩量为 0，其径向伸缩范围为 $-0.6 \sim +0.6$ m.

(8) 天体 S 的方位可用方位角 α 和仰角 β 来表示(见图 9.26).

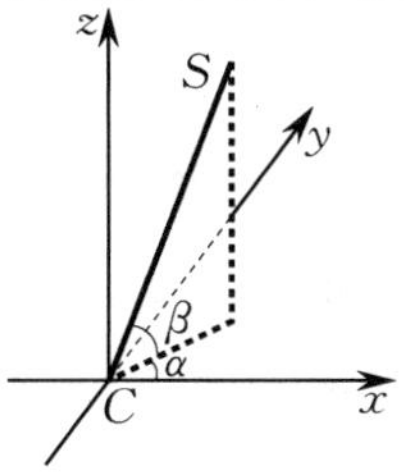

图 9.26　天体 S 方位角与仰角示意图

附件 1:所有主索节点的坐标和编号

附件 2:促动器下端点(地锚点)坐标、基准态时上端点(顶端)的坐标及促动器对应的主索节点编号

CUMCM2021A **附件**

附件 3:4 300 块反射面板对应的主索节点编号

◇B 题　乙醇偶合制备 C4 烯烃 ◇

C4 烯烃广泛应用于化工产品及医药的生产,乙醇是生产制备 C4 烯烃的原料. 在制备过程中,催化剂组合(Co 负载量、Co/SiO_2 和 HAP 装料比、乙醇浓度的组合)与温度对 C4 烯烃的选择性和 C4 烯烃收率将产生影响(见【名词解释说明】). 因此,通过对催化剂组合设计,探索乙醇催化偶合制备 C4 烯烃的工艺条件具有非常重要的意义和价值.

某化工实验室针对不同催化剂在不同温度下做了一系列实验,结果如附件 1 和附件 2 所示. 请通过数学建模回答下列问题:

(1) 对附件 1 中每种催化剂组合,分别研究乙醇转化率、C4 烯烃的选择性与温度的关系,并对附件 2 中 350 ℃ 时给定的催化剂组合在一次实验不同时间的测试结果进行分析.

(2) 探讨不同催化剂组合及温度对乙醇转化率以及 C4 烯烃选择性大小的影响.

(3) 如何选择催化剂组合与温度,使得在相同实验条件下 C4 烯烃收率尽可能高? 若使温度低于 350 ℃,又如何选择催化剂组合与温度,使得 C4 烯烃收率尽可能高?

(4) 如果允许再增加 5 次实验,应如何设计? 给出详细理由.

【名词解释说明】

(1) 温度:反应温度.

(2) 选择性:某一个产物在所有产物中的占比.

(3) 时间:催化剂在乙醇氛围下的反应时间(单位:min).

(4) Co 负载量:Co 与 SiO_2 的质量之比. 例如,“Co 负载量为 1 wt%”表示 Co 与 SiO_2 的质量之比为 1 ∶ 100,记作“1 wt%Co/SiO_2”,以此类推.

(5) HAP:一种催化剂载体,中文名称羟基磷灰石.

(6) Co/SiO_2 和 HAP 装料比:指 Co/SiO_2 和 HAP 的质量比. 例如,附件 1 中编号为 A14 的催化剂组合“33 mg 1 wt%Co/SiO_2 - 67 mg HAP-乙醇浓度 1. 68 mL/min”指 Co/SiO_2 和 HAP 质量比为 33 mg ∶ 67 mg 且乙醇按 1. 68 mL/min 的速度加入,以此类推.

(7) 乙醇转化率:单位时间内乙醇的单程转化率,其值为 100 % ×(乙醇进气量 - 乙醇剩余量)/ 乙醇进气量.

(8) C4 烯烃收率:其值为乙醇转化率 × C4 烯烃的选择性.

附件 1:性能数据表

注意:性能数据表中乙烯、C4 烯烃、乙醛、碳数为 4 - 12 脂肪醇等均为反应的生成物;编号 A1 ~ A14 的催化剂实验中使用装料方式 Ⅰ,B1 ~ B7 的催化剂实验中使用装料方式 Ⅱ.

CUMCM2021B **附件**

附件 2:350 ℃ 时给定的某种催化剂组合的测试数据

◇C 题　生产企业原材料的订购与运输◇

某建筑和装饰板材的生产企业所用原材料主要是木质纤维和其他植物素纤维材料,总体可分为 A,B,C 三种类型. 该企业每年按 48 周安排生产,需要提前制定 24 周的原材料订购和转运计划,即根据产能要求确定需要订购的原材料供应商(称为“供应商”)和相应每周的原材料订购数量(称为“订货量”),确定第三方物流公司(称为“转运商”)并委托其将供应商每周的原材料供货数量(称为“供货量”)转运到企业仓库.

该企业每周的产能为 2.82 万立方米,每立方米产品需消耗 A 类原材料 0.6 立方米,或 B 类原材料 0.66 立方米,或 C 类原材料 0.72 立方米. 由于原材料的特殊性,供应商不能保证严格按订货量供货,实际供货量可能多于或少于订货量. 为了保证正常生产的需要,该企业要尽可能保持不少于满足两周生产需求的原材料库存量,为此该企业对供应商实际提供的原材料总是全部收购.

在实际转运过程中,原材料会有一定的损耗(损耗量占供货量的百分比称为“损耗率”),转运商实际运送到企业仓库的原材料数量称为“接收量”. 每家转运商的运输能力为 6 000 立方米/周. 通常情况下,一家供应商每周供应的原材料尽量由一家转运商运输.

原材料的采购成本直接影响到企业的生产效益,实际中 A 类和 B 类原材料的采购单价分别比 C 类原材料高 20% 和 10%. 三类原材料运输和储存的单位费用相同.

附件 1 给出了该企业近 5 年 402 家原材料供应商的订货量和供货量数据. 附件 2 给出了 8 家转运商的运输损耗率数据. 请你们团队结合实际情况,对相关数据进行深入分析,研究下列问题:

(1) 根据附件 1,对 402 家供应商的供货特征进行量化分析,建立反映保障企业生产重要性的数学模型,在此基础上确定 50 家最重要的供应商,并在论文中列表给出结果.

(2) 参考(1),该企业应至少选择多少家供应商供应原材料才可能满足生产的需求? 针对这些供应商,为该企业制定未来 24 周每周最经济的原材料订购方案,并据此制定损耗最少的转运方案. 试对订购方案和转运方案的实施效果进行分析.

(3) 该企业为了压缩生产成本,现计划尽量多地采购 A 类和尽量少地采购 C 类原材料,以减少转运及仓储的成本,同时希望转运商的转运损耗率尽量少. 请制定新的订购方案及转运方案,并分析方案的实施效果.

(4) 该企业通过技术改造已具备了提高产能的潜力. 根据现有原材料的供应商和转运商的实际情况,确定该企业每周的产能可以提高多少,并给出未来 24 周的订购和转运方案.

注意:请将问题(2),(3) 和(4) 订购方案的数据结果填入附件 A,转运方案的数据结果填入附件 B,并作为支撑材料(勿改变文件名) 随论文一起提交.

附件 1:近 5 年 402 家供应商的相关数据

附件 2:近 5 年 8 家转运商的相关数据

附件 A:订购方案数据结果

附件 B:转运方案数据结果

CUMCM2021C **附件**

【附件数据说明】

(1) 企业的订货量:第一列为供应商的名称;第二列为供应商供应原材料的类别;第三列及以后共240列为企业向各供应商每周的订货量(单位:立方米);数值"0"表示相应的周(所在列)没有向供应商(所在行)订货.

(2) 供应商的供货量:第一列为供应商的名称;第二列为供应商供应原材料的类别;第三列及以后共240列为各供应商每周的供货量(单位:立方米);数值"0"表示相应的周(所在列)供应商(所在行)没有供货.

(3) 运输损耗率:第一列为转运商的名称;第二列及以后共240列为每周各转运商的运输损耗率(单位:%),即损耗率 $= \frac{\text{供货量} - \text{接收量}}{\text{供货量}} \times 100\%$;数值"0"表示没有运送.

CUMCM2022 **题目**　　CUMCM2023 **题目**

图书在版编目(CIP)数据

数学建模入门与案例精讲 / 王振友，陈学松，徐圣兵主编. -- 北京 : 北京大学出版社，2025.5

ISBN 978-7-301-34366-1

Ⅰ. ①数… Ⅱ. ①王… ②陈… ③徐… Ⅲ. ①数学模型—高等学校—教材 Ⅳ. ①O15

中国国家版本馆 CIP 数据核字(2023)第 160790 号

书　　名　数学建模入门与案例精讲
SHUXUE JIANMO RUMEN YU ANLI JINGJIANG
著作责任者　王振友　陈学松　徐圣兵　主编
责任编辑　尹照原
标准书号　ISBN 978-7-301-34366-1
出版发行　北京大学出版社
地　　址　北京市海淀区成府路 205 号　100871
网　　址　http://www.pup.cn
电子邮箱　zpup@pup.cn
新浪微博　@北京大学出版社
电　　话　邮购部 010-62752015　发行部 010-62750672　编辑部 010-62752021
印 刷 者　长沙超峰印刷有限公司
经 销 者　新华书店
787 毫米×1092 毫米　16 开本　12.75 印张　316 千字
2025 年 5 月第 1 版　2025 年 5 月第 1 次印刷
定　　价　46.00 元
